Never to old to play with bricks...

Martin Ludwig & Frank Müller

Bauanleitungen für Tiger & Königstiger Panzer

Zum Bau aus LEGO® Steinen

Verlag: tredition GmbH, Hamburg

ISBN
Paperback   978-3-7323-1027-2
Hardcover   978-3-7323-1028-9
e-Book   978-3-7323-1029-6

Printed in Germany

Martin Ludwig und Frank Müller sind zwei begeisterte Hobby LEGO® Bauer, die sich auf den Nachbau von Militär Fahrzeugen spezialisiert haben. Die Fahrzeuge sind passend für die Größe der Figuren ausgelegt.

Alles begann mit einer Idee. Nach erfolgreichem Verkauf einiger Fahrzeuge bei Ebay® wurde die Produktpalette stetig erweitert. Je nach Größe dauert das Design eines Fahrzeuges einige Wochen. Hier achten wir zum größten Teil auf die Funktionalität und die Verfügbarkeit der Teile. Natürlich können wir alles noch besser und komplexer bauen, aber nicht jedem Kunden stehen unsere Möglichkeiten zur Verfügung.

Martin Ludwig and Frank Müller are two hobby LEGO® builders from Germany. They spend their time building military models out of LEGO® bricks.

It all started with an idea. After selling a few vehicles on ebay they started a succesfull business. The design of each vehicle takes a few weeks. Functionality and accurate size of the vehicles are the main goal.

Panzerkampfwagen VI Tiger

Zum Bau des Fahrzeuges benötigen Sie 558 LEGO® Bausteine.
Die Ketten sind beweglich und der Turm lässt sich um 360 Grad drehen.
4 Luken für die Besatzung lassen sich öffnen. Viele kleine Details machen dieses Modell authentisch.

Länge: ca. 20 cm   Breite: ca. 10 cm   Höhe: ca. 10 cm

Requires approx. 558 LEGO® bricks.
Tracks move and the turret can be turned 360 degrees.
4 Hatches can be opened.

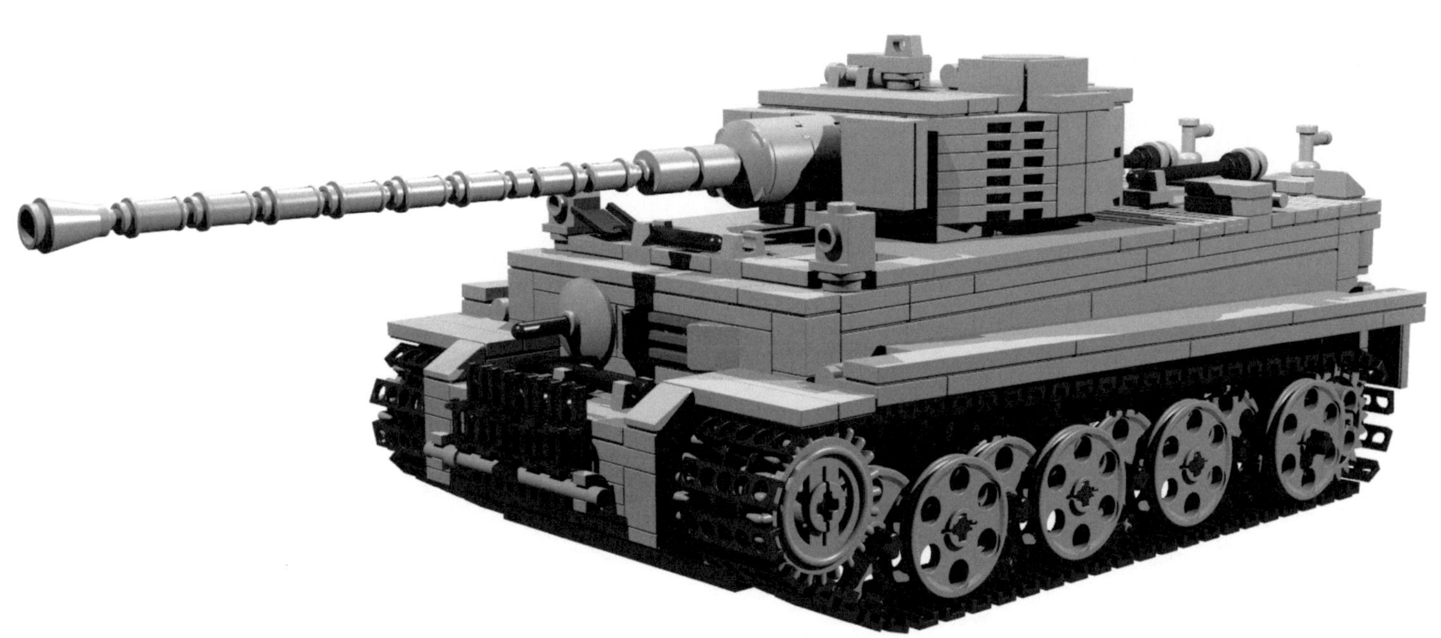

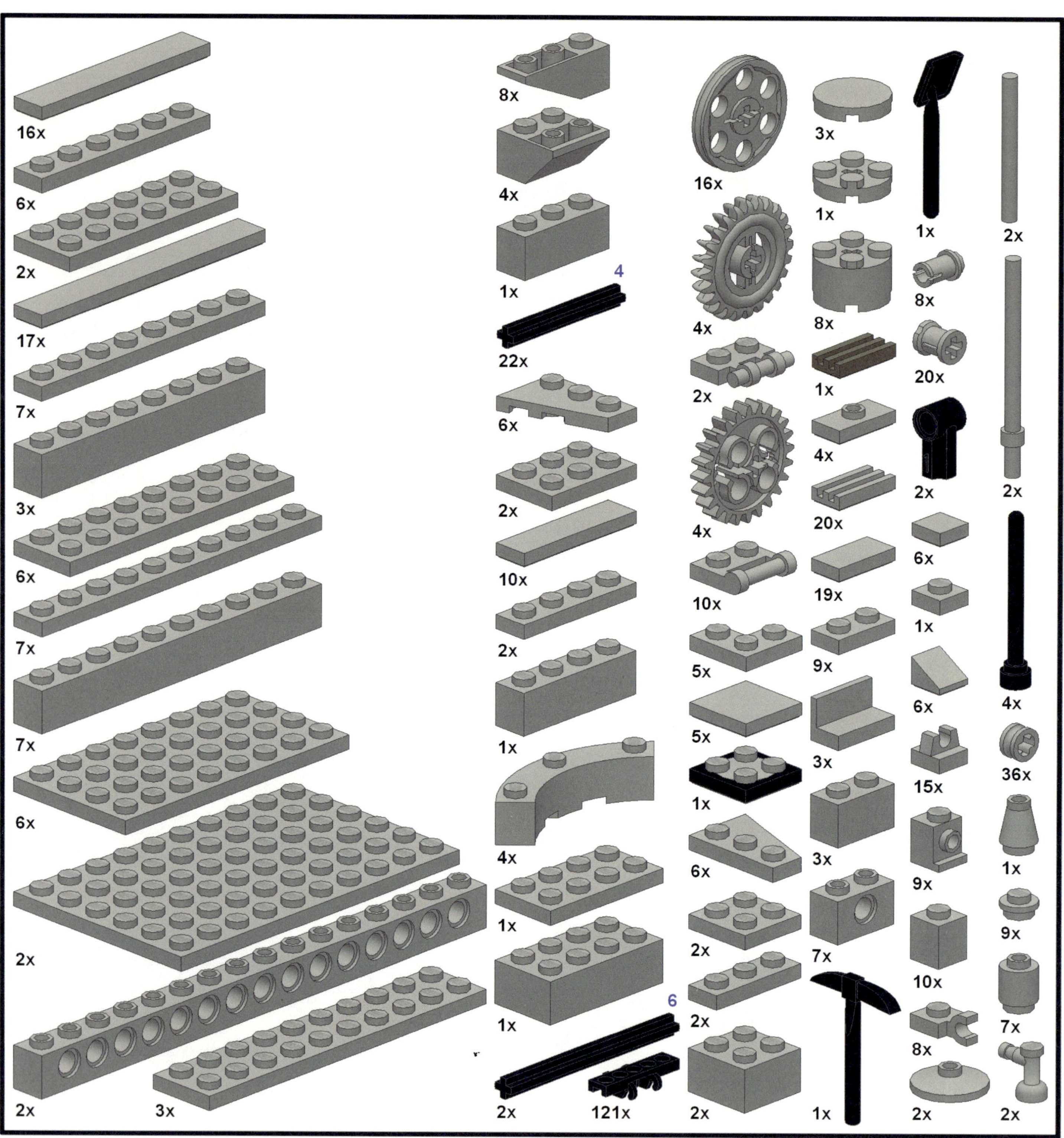

16x
6x
2x
17x
7x
3x
6x
7x
7x
6x
2x
2x
3x
8x
4x
1x
4
22x
6x
2x
10x
2x
1x
4x
1x
1x
6
2x
121x
16x
1x
4x
2x
4x
4x
10x
5x
5x
1x
6x
2x
7x
2x
2x
3x
8x
1x
4x
20x
20x
6x
19x
1x
6x
3x
15x
9x
10x
8x
3x
3x
9x
7x
1x
1x
8x
2x
2x
1x
2x
2x
2x
2x
4x
36x
1x
9x
7x
2x

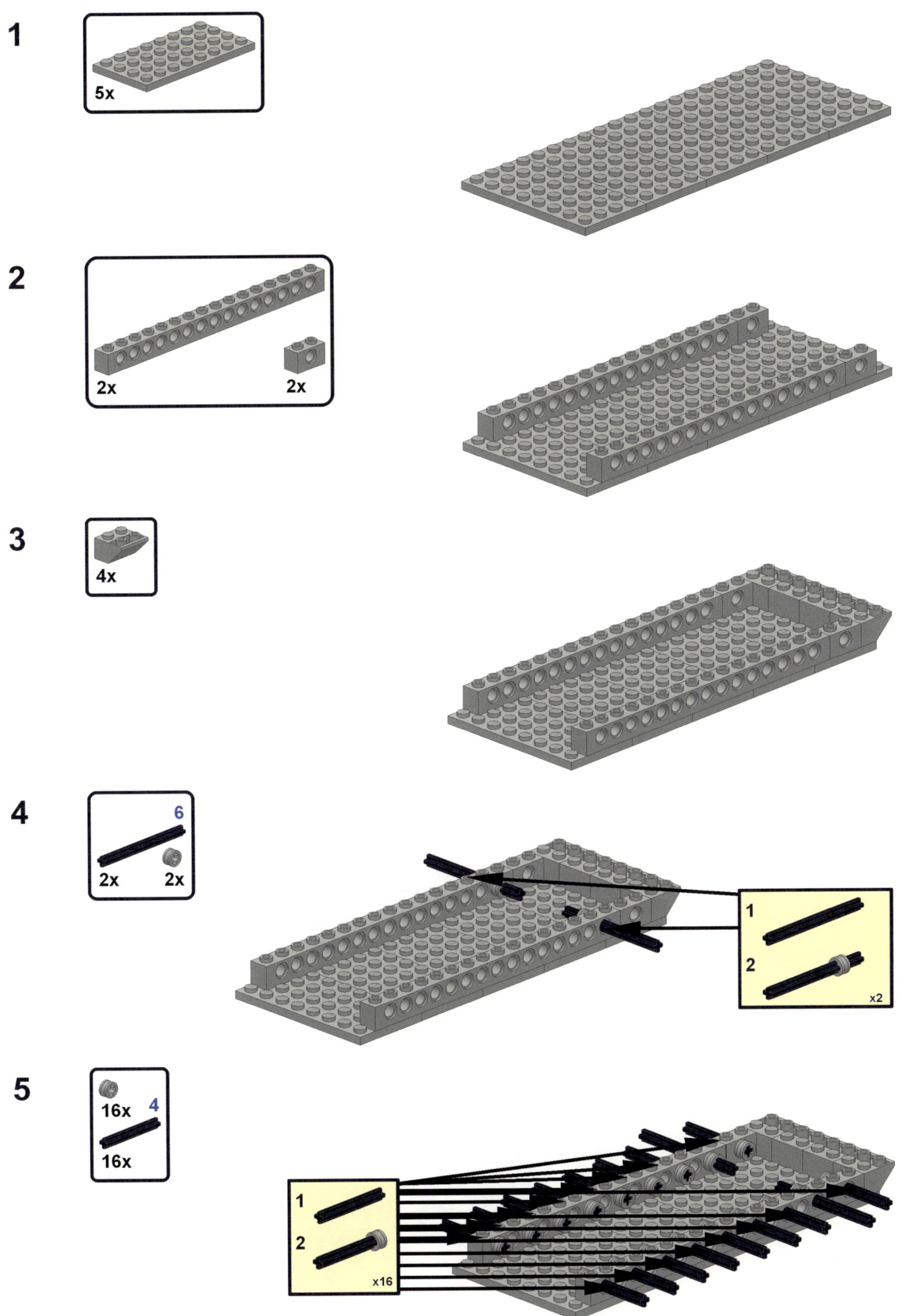

1
5x
2
2x
2x
3
4x
4
6
2x
2x
1
2
x2
5
16x
4
16x
1
2
x16

6

1x

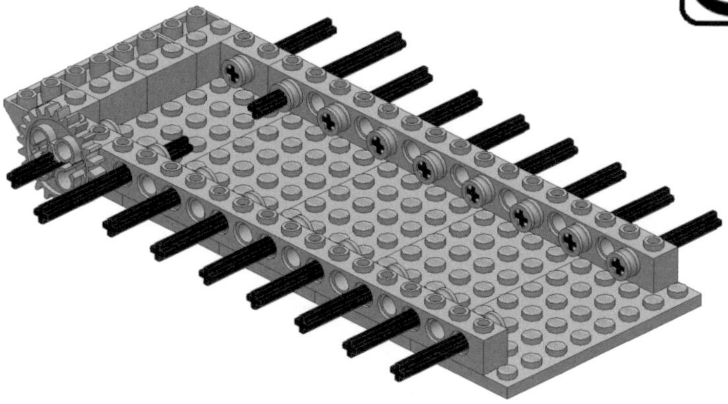

7

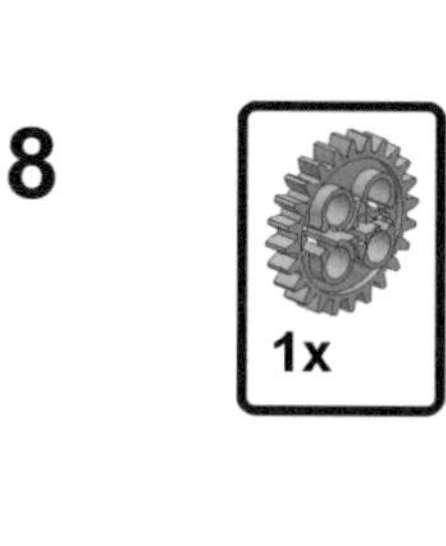

1x

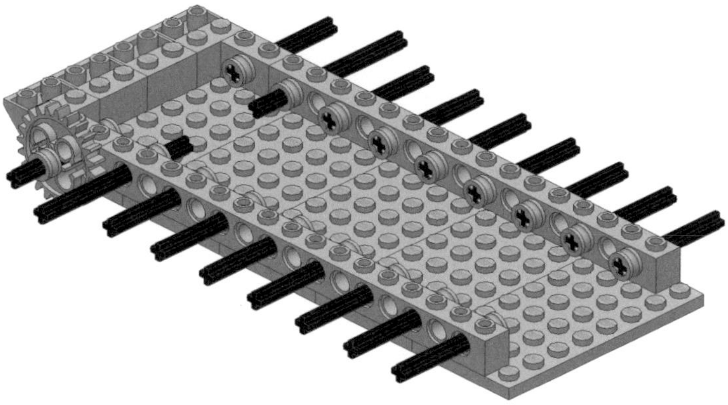

8

1x

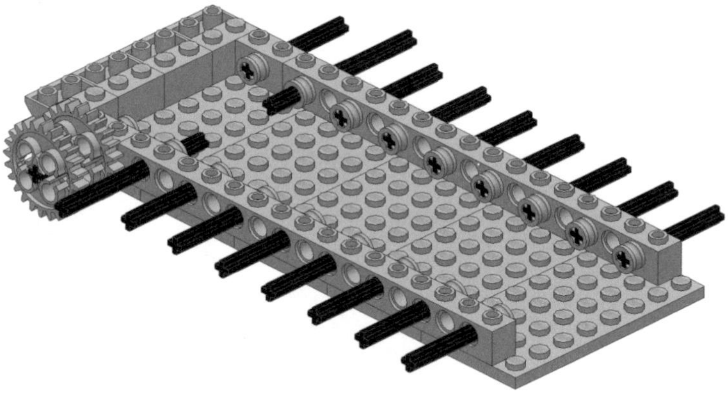

9

4x

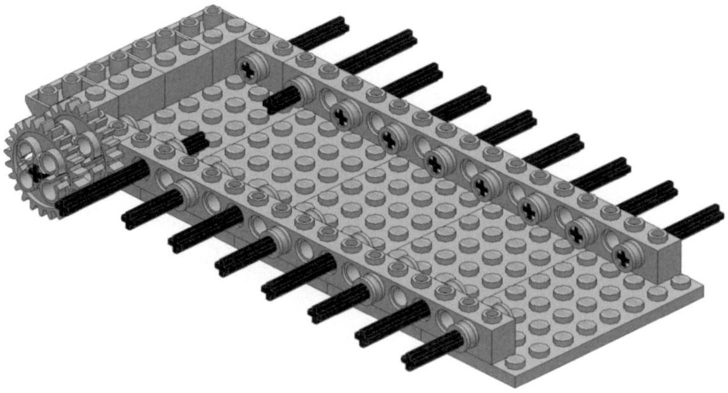

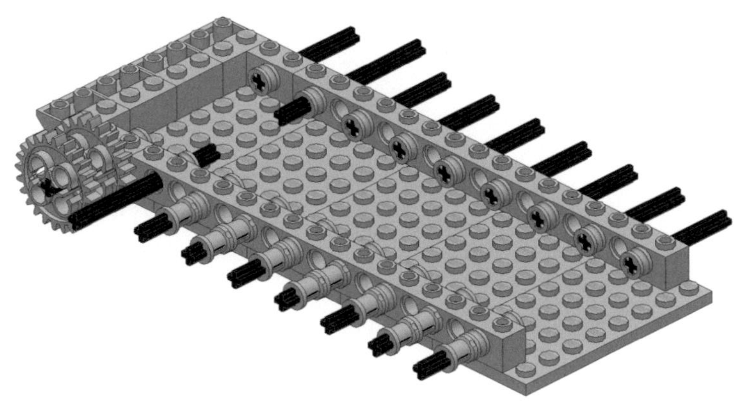

11

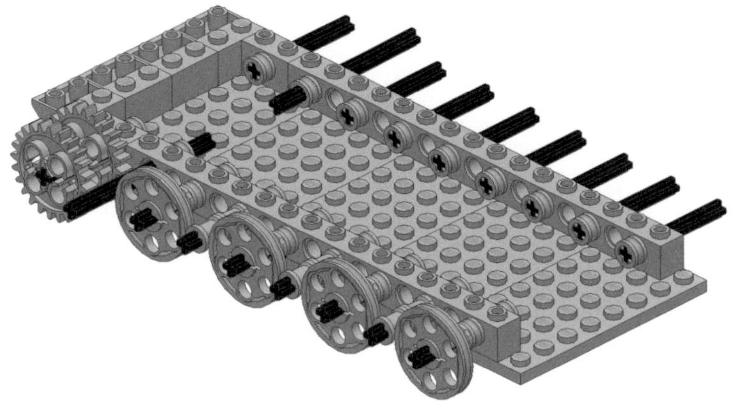

12

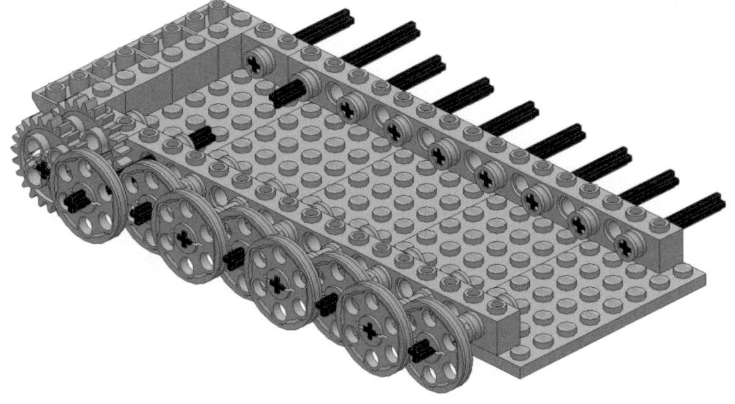

13

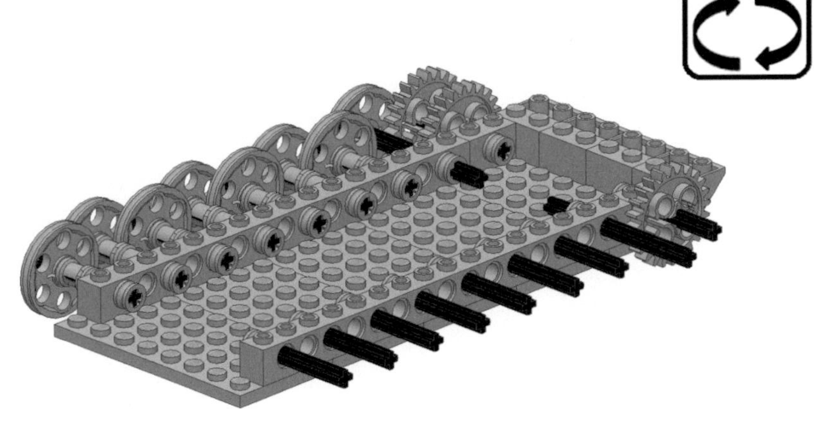

14

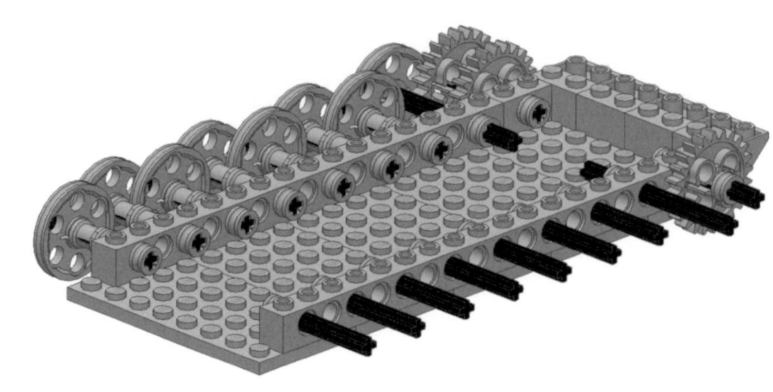

15

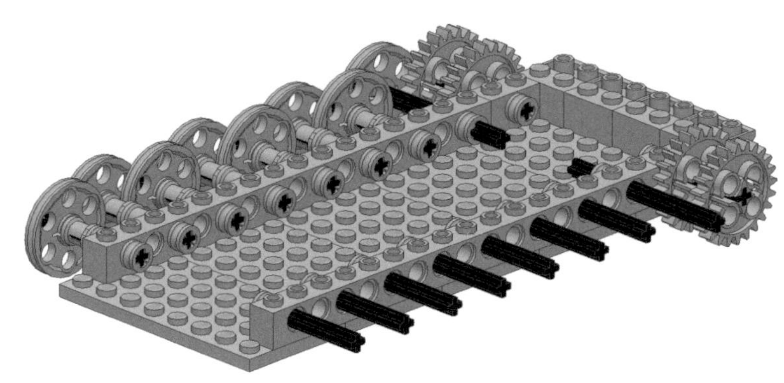

16

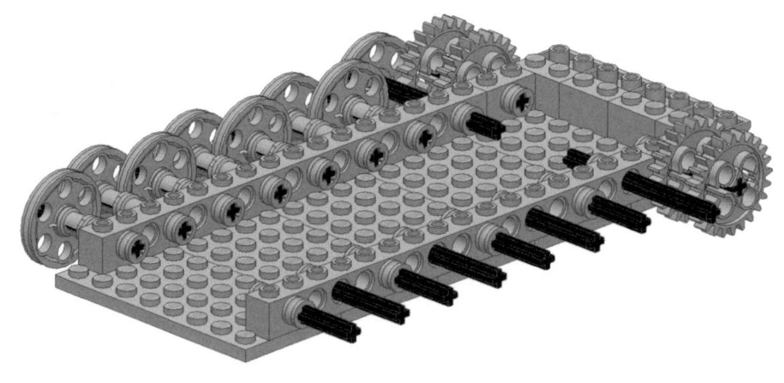

17

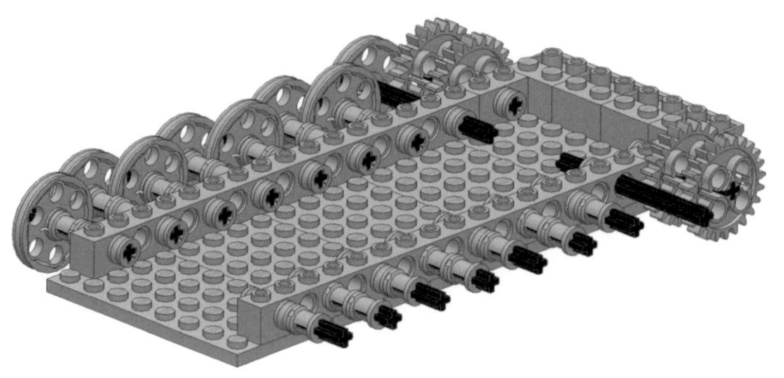

18

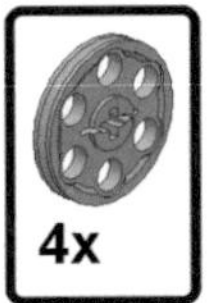

4x

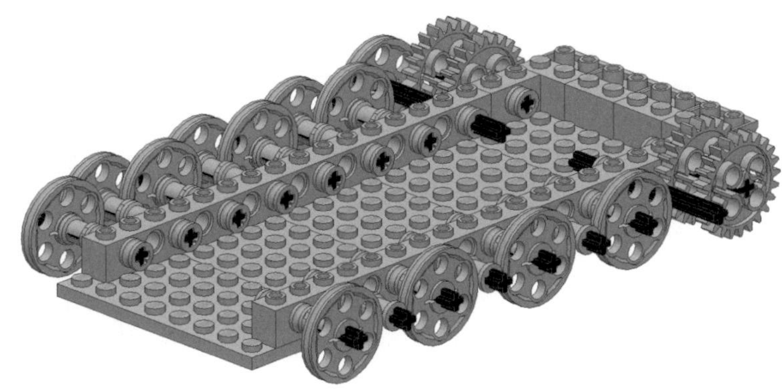

19

4x

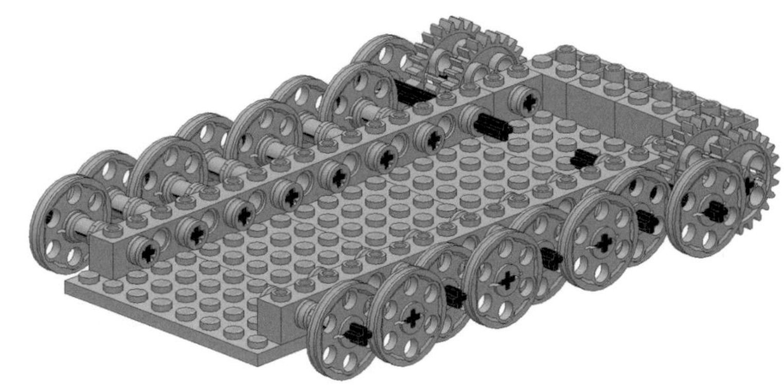

20

8x

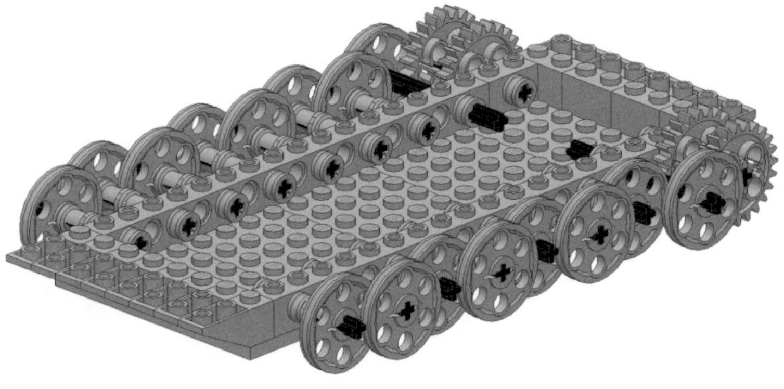

21

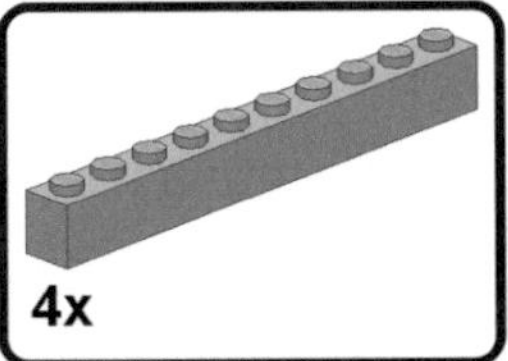

4x

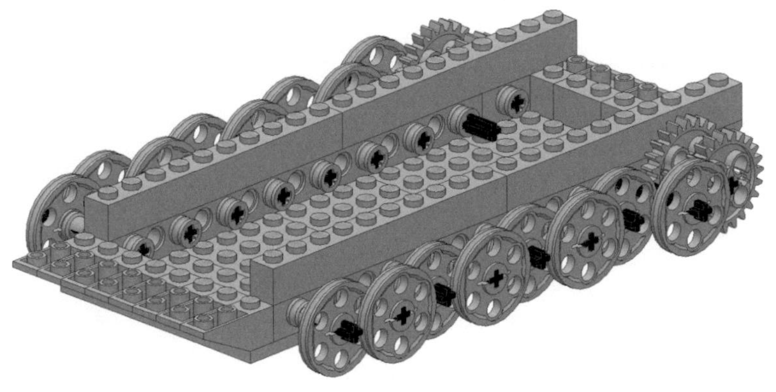

22

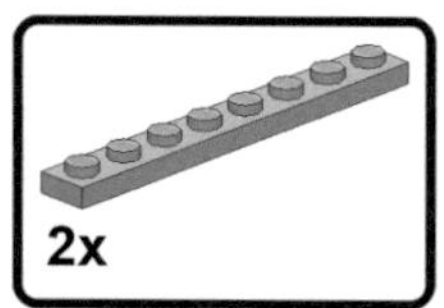

2x

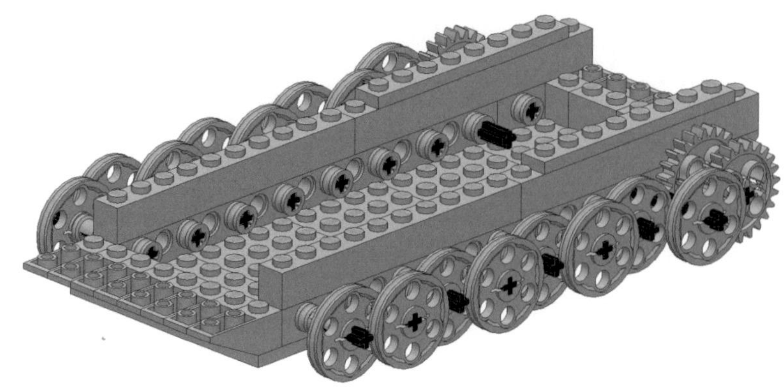

23

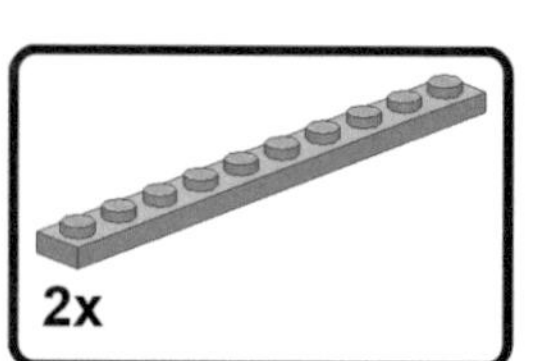

2x

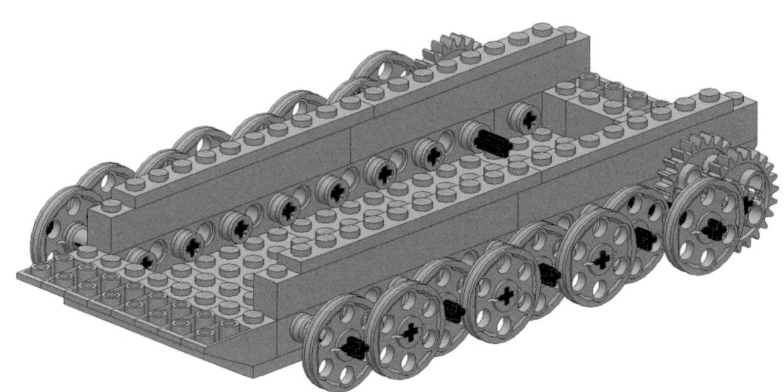

24

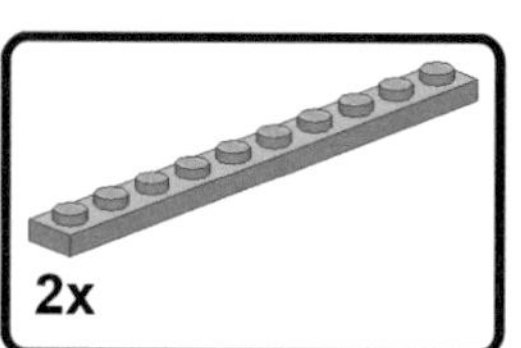

2x

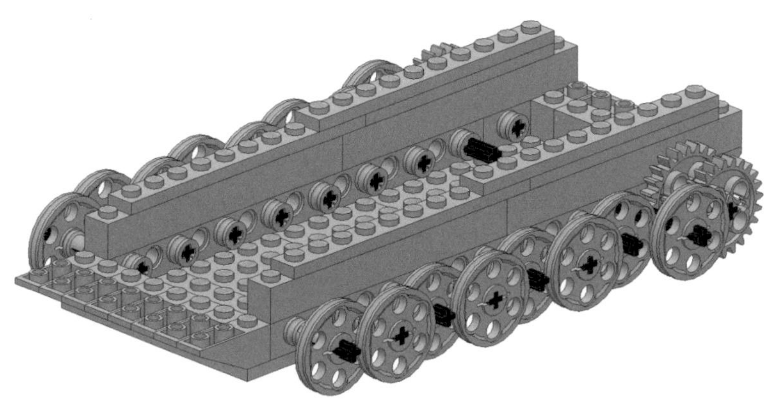

25

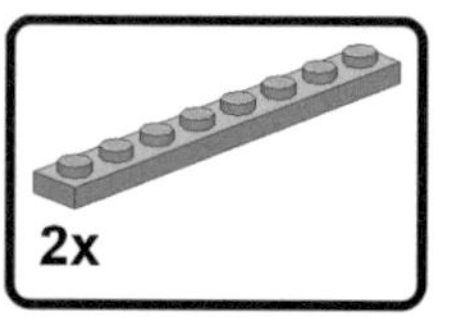

2x

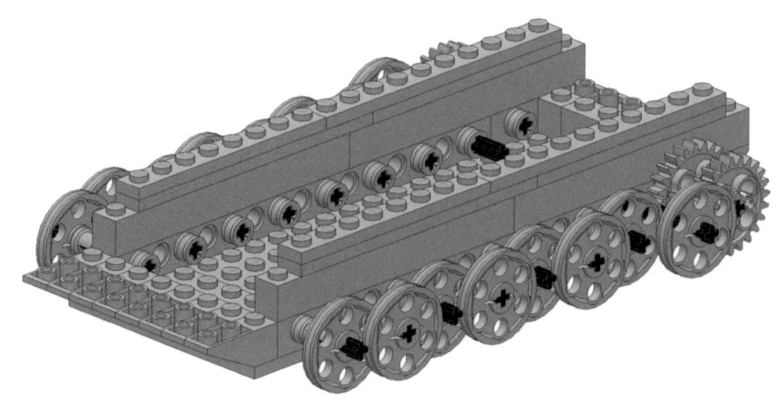

26

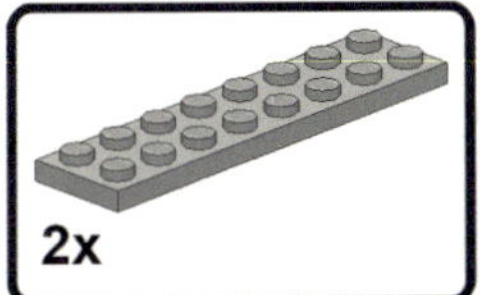

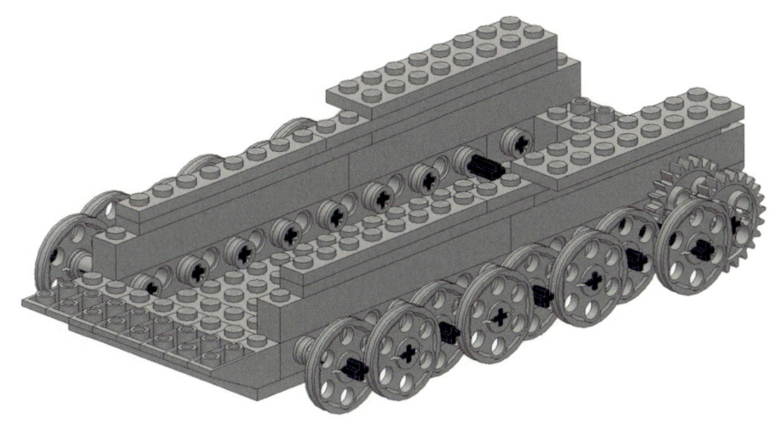

27

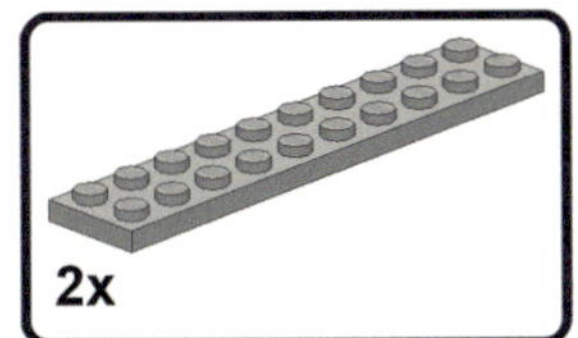

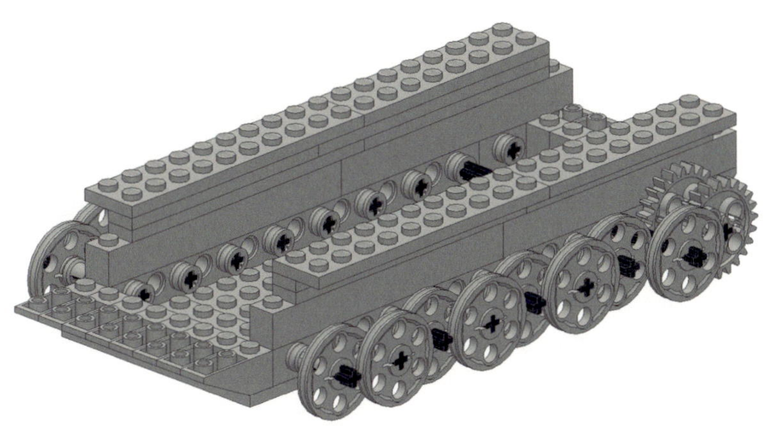

28

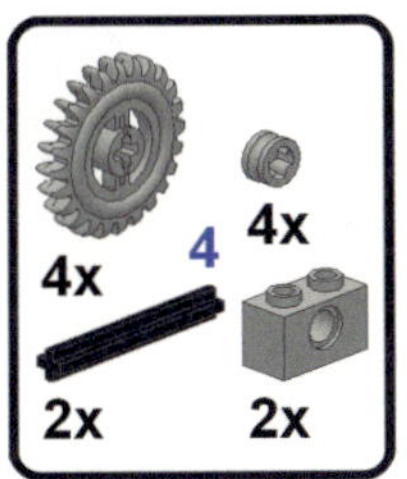

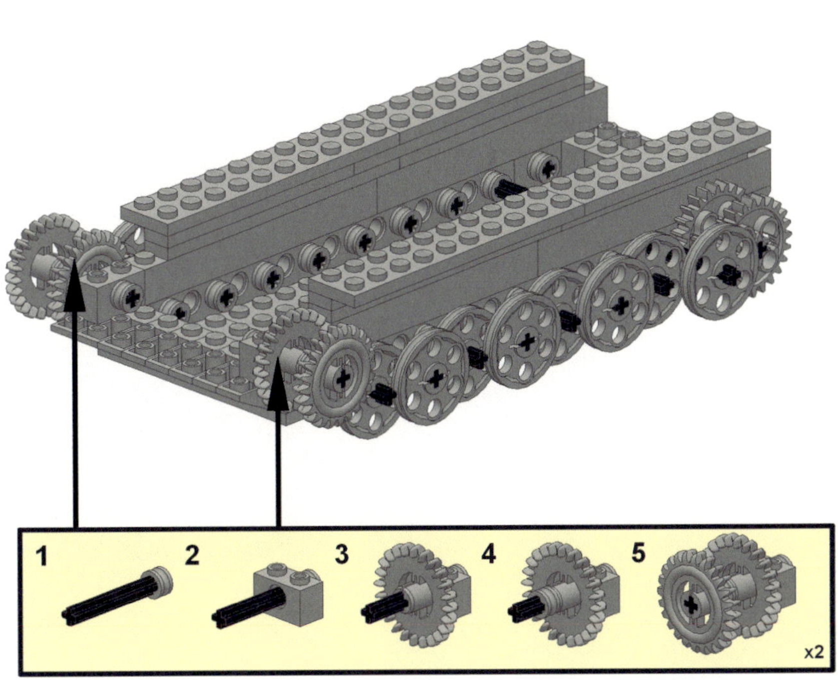

29

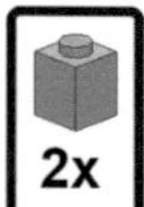

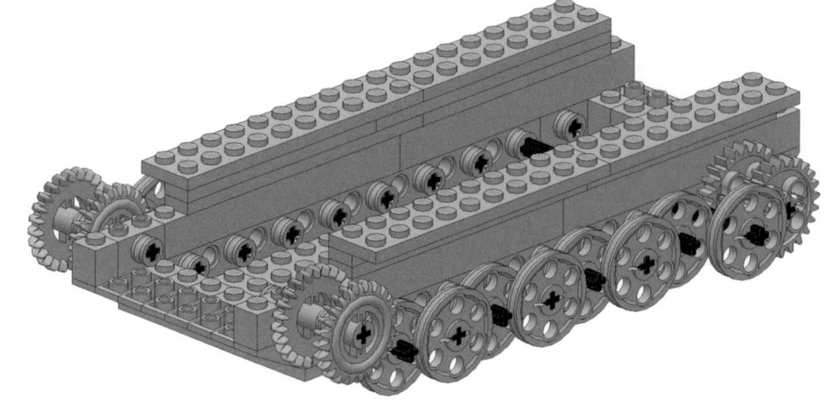

30

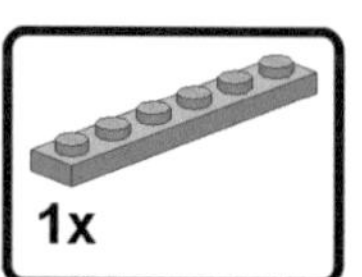

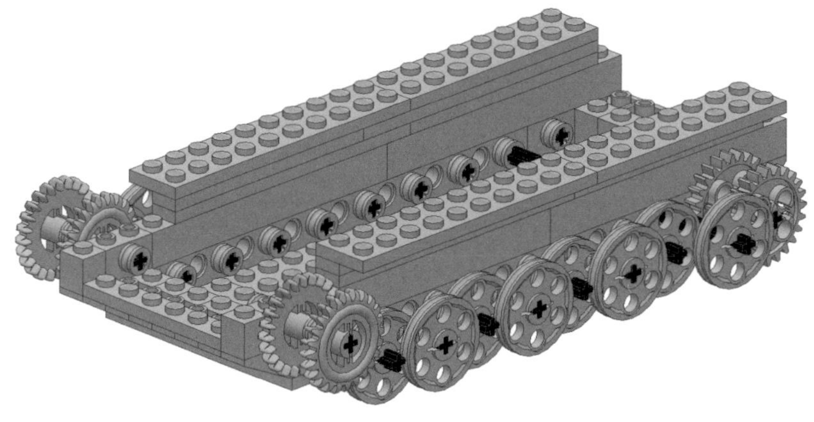

31

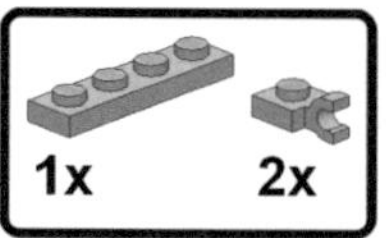

32

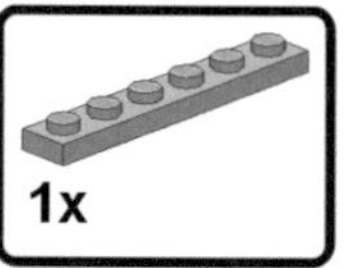

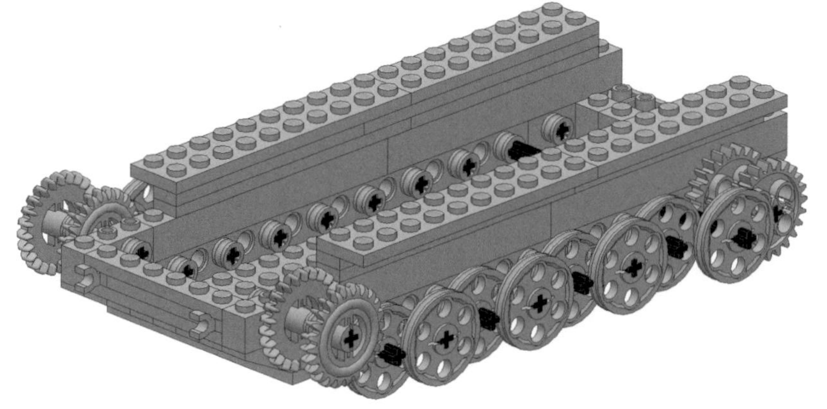

33

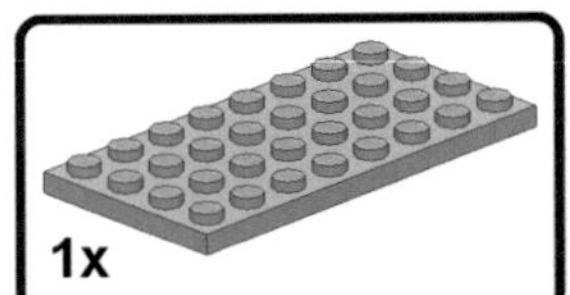

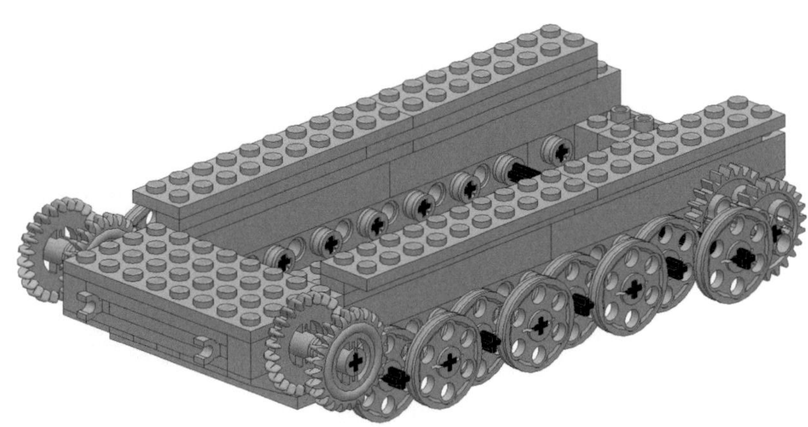

34

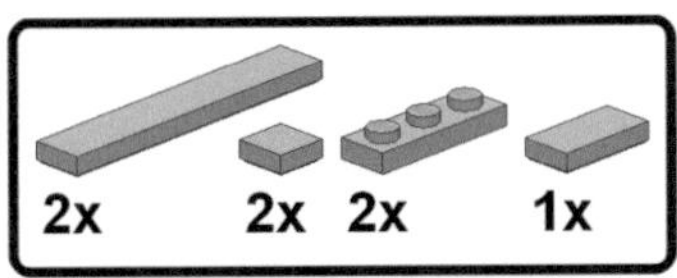

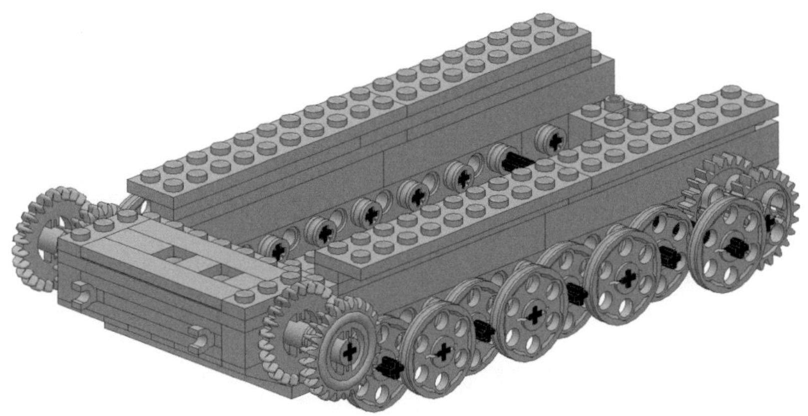

35

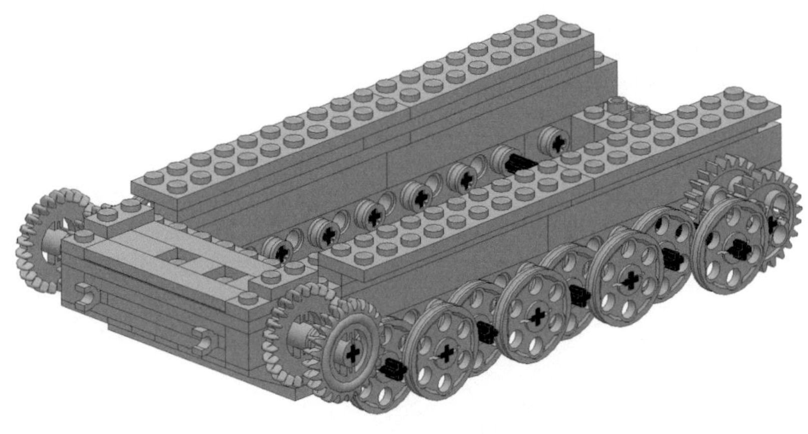

36

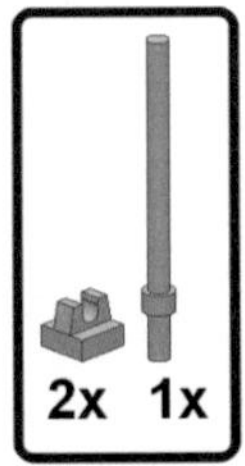

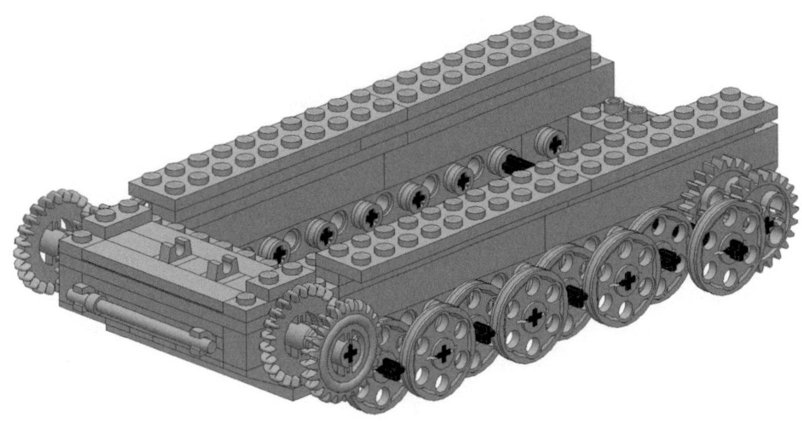

37

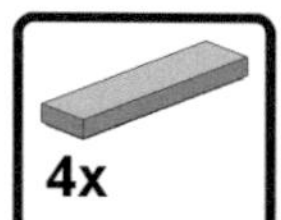

4x

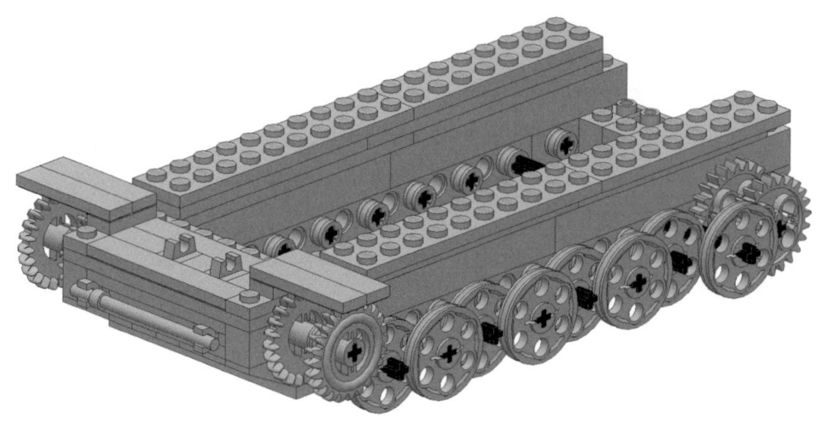

38

2x

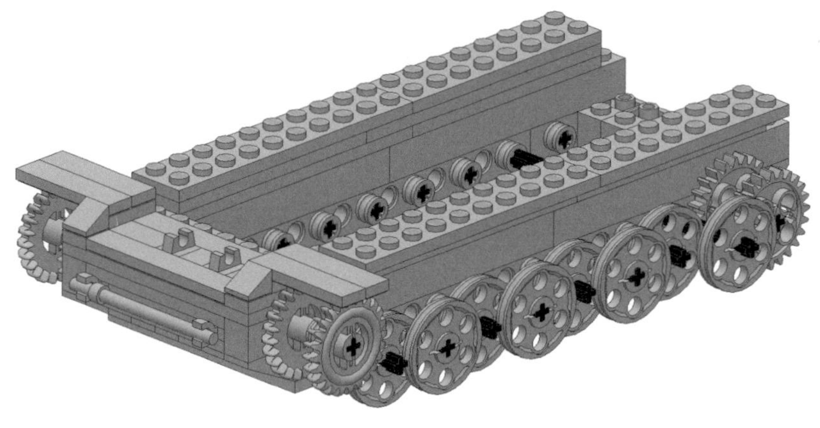

39

1x

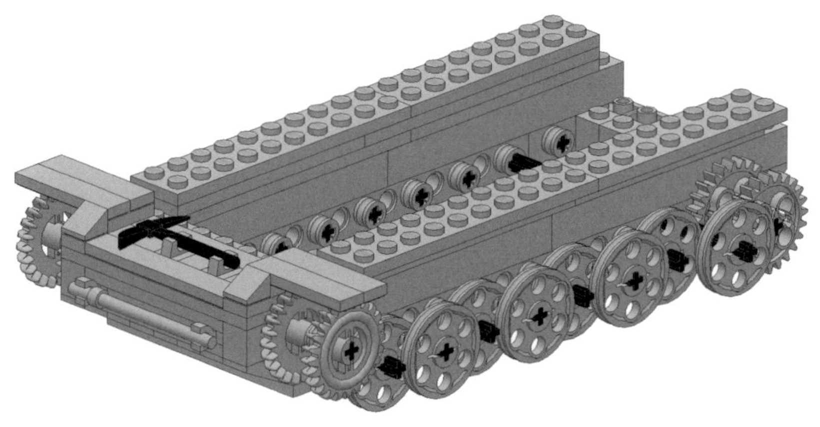

40

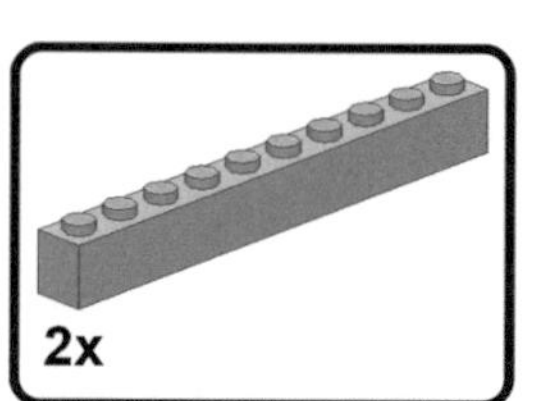

2x

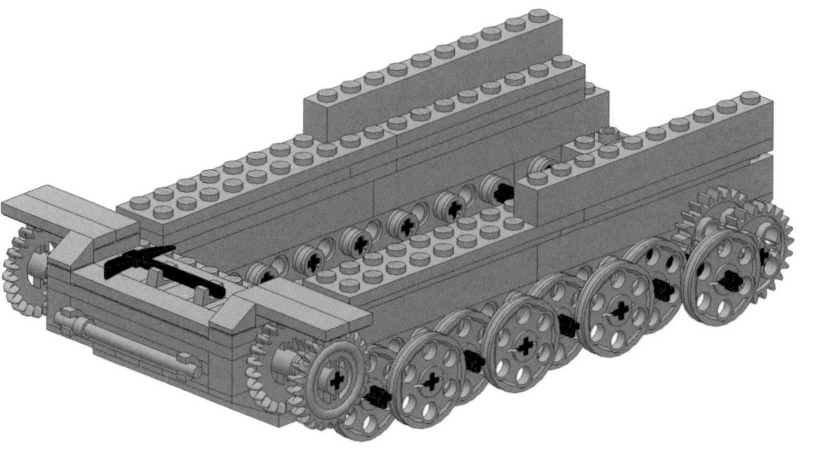

41

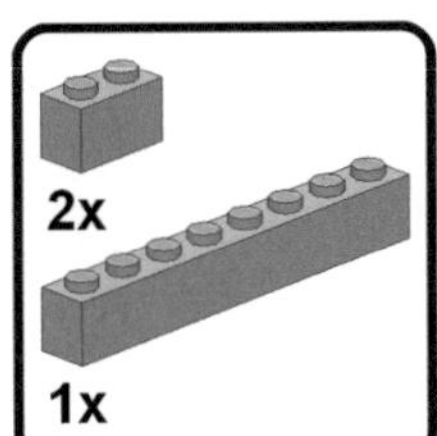

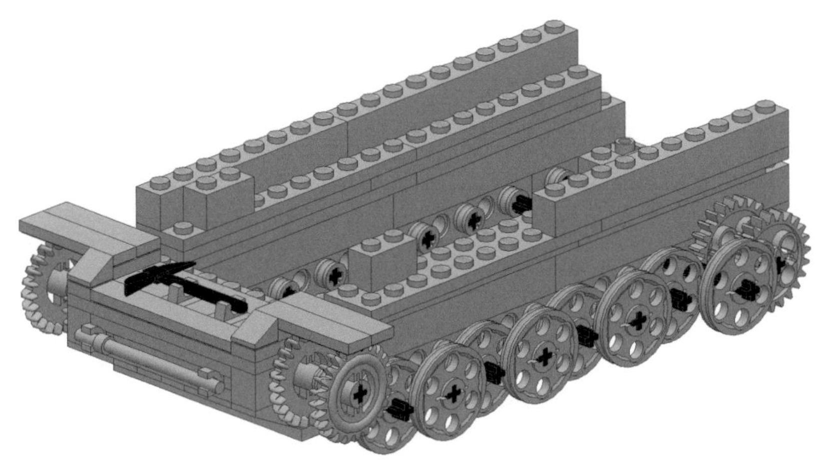

42

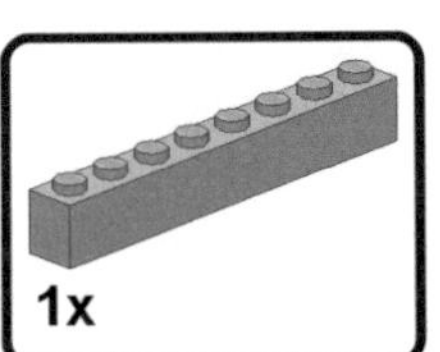

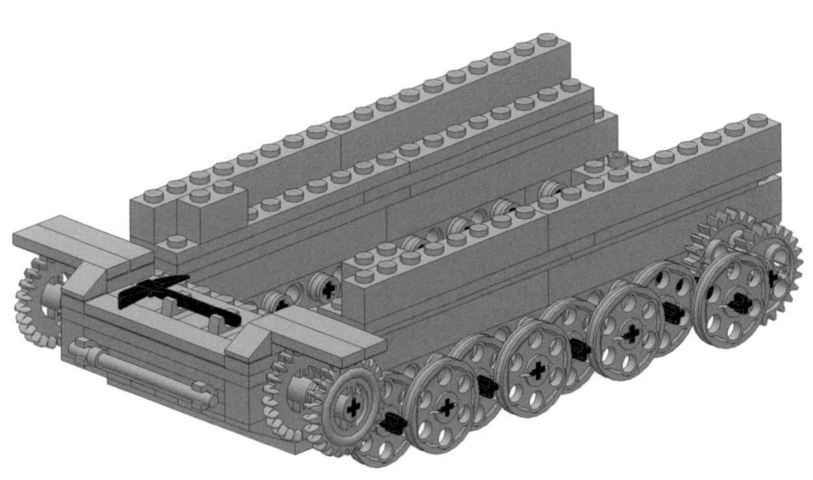

43

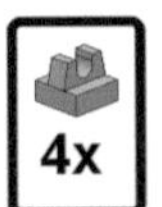

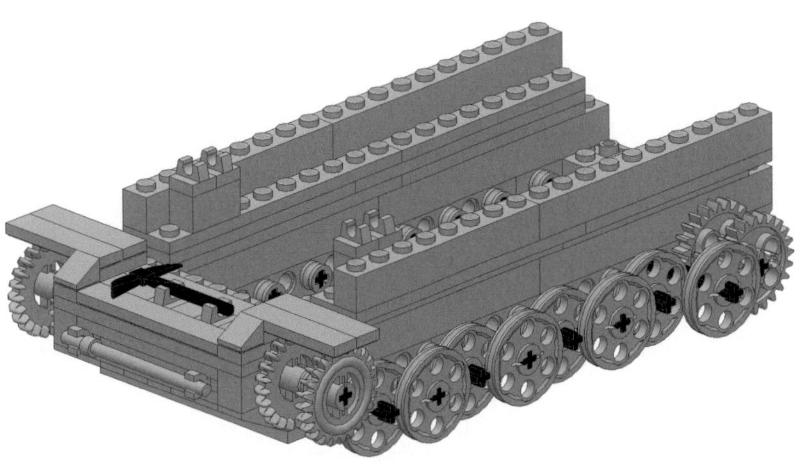

44

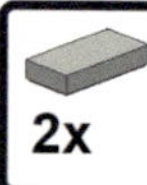

45

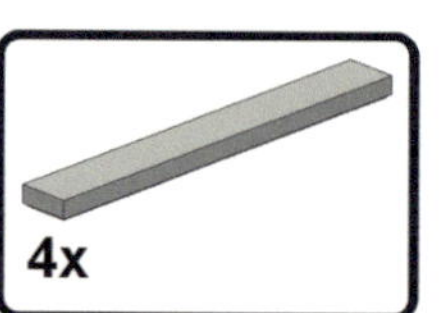

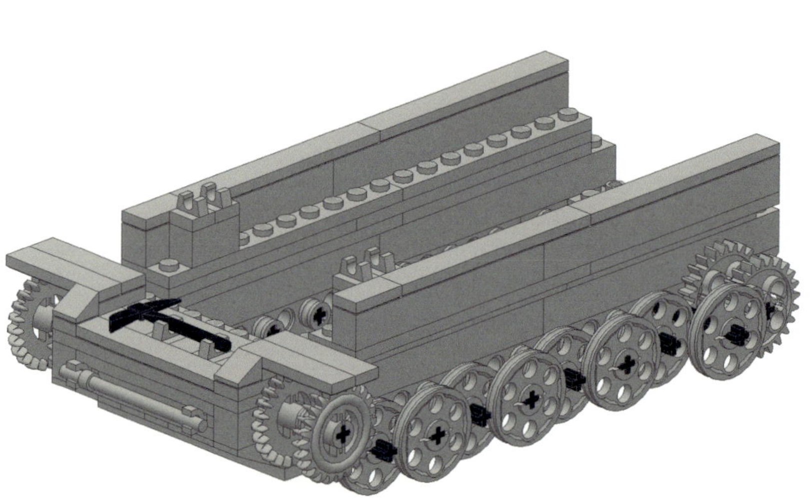

1 1x

2 1x

3 1x

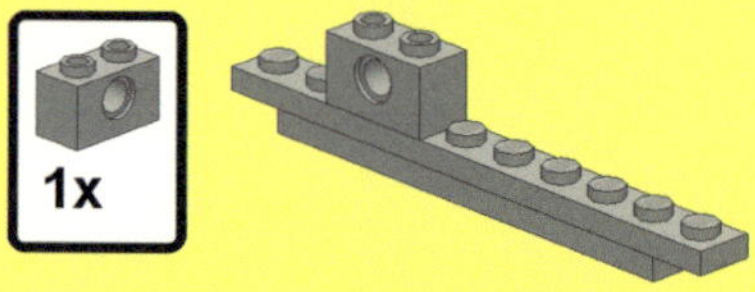

4 1x

5 1x

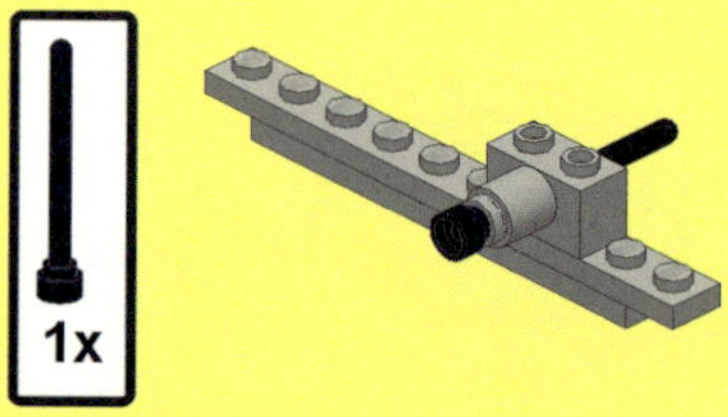

6 1x

7 4x

8 2x

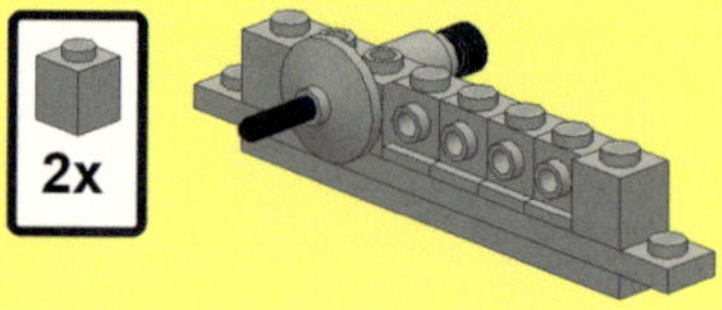

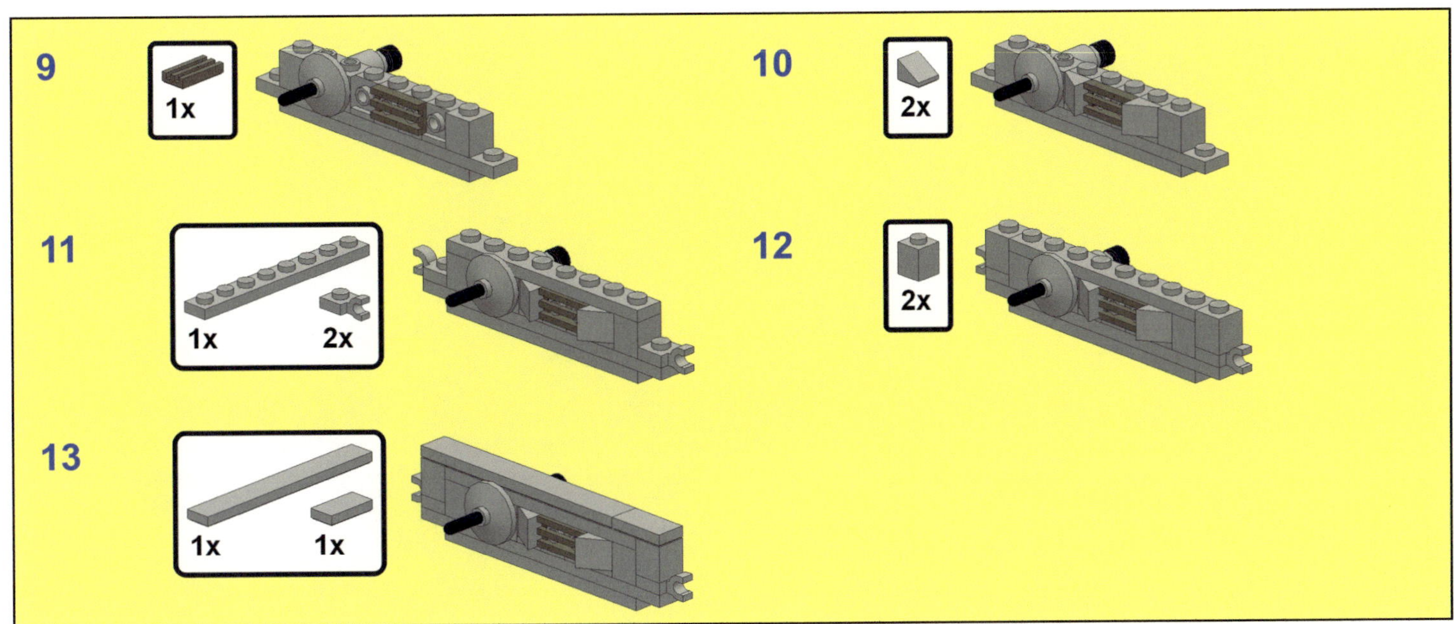

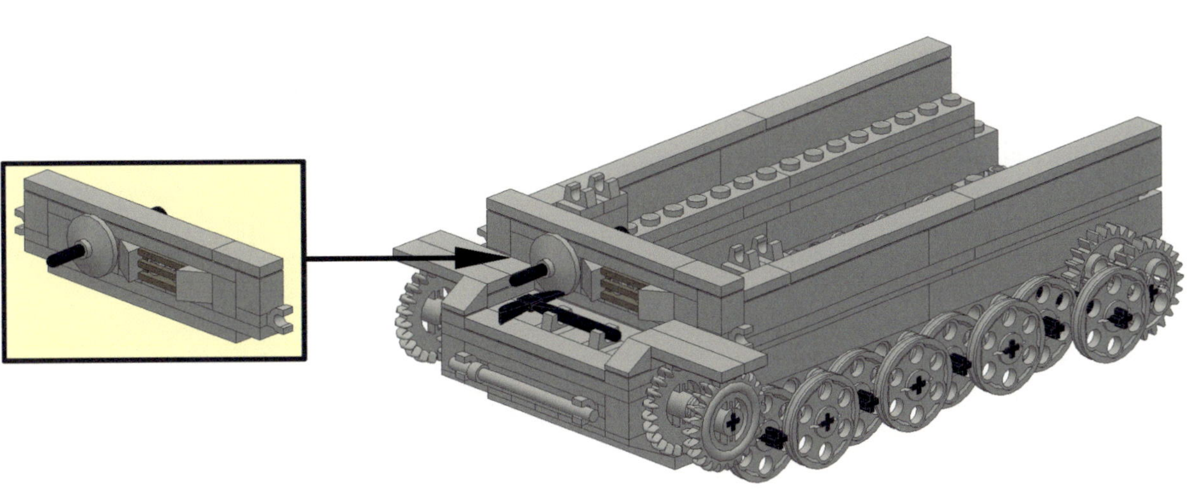

46

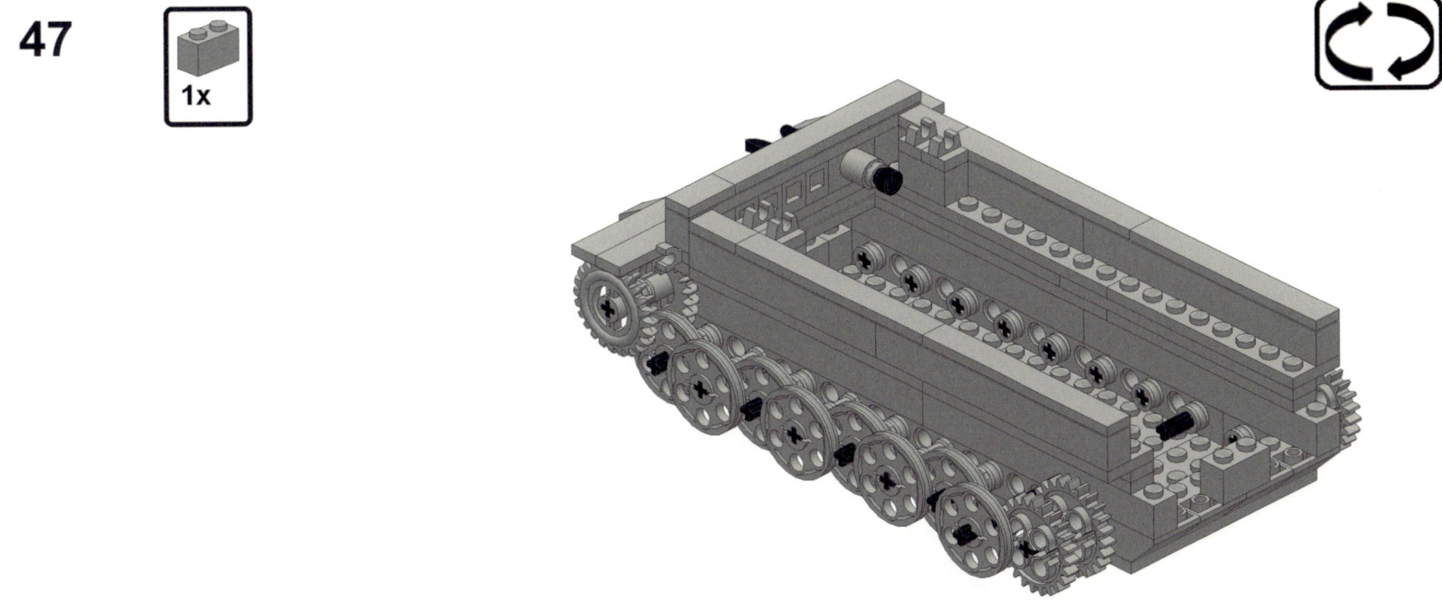

47

48

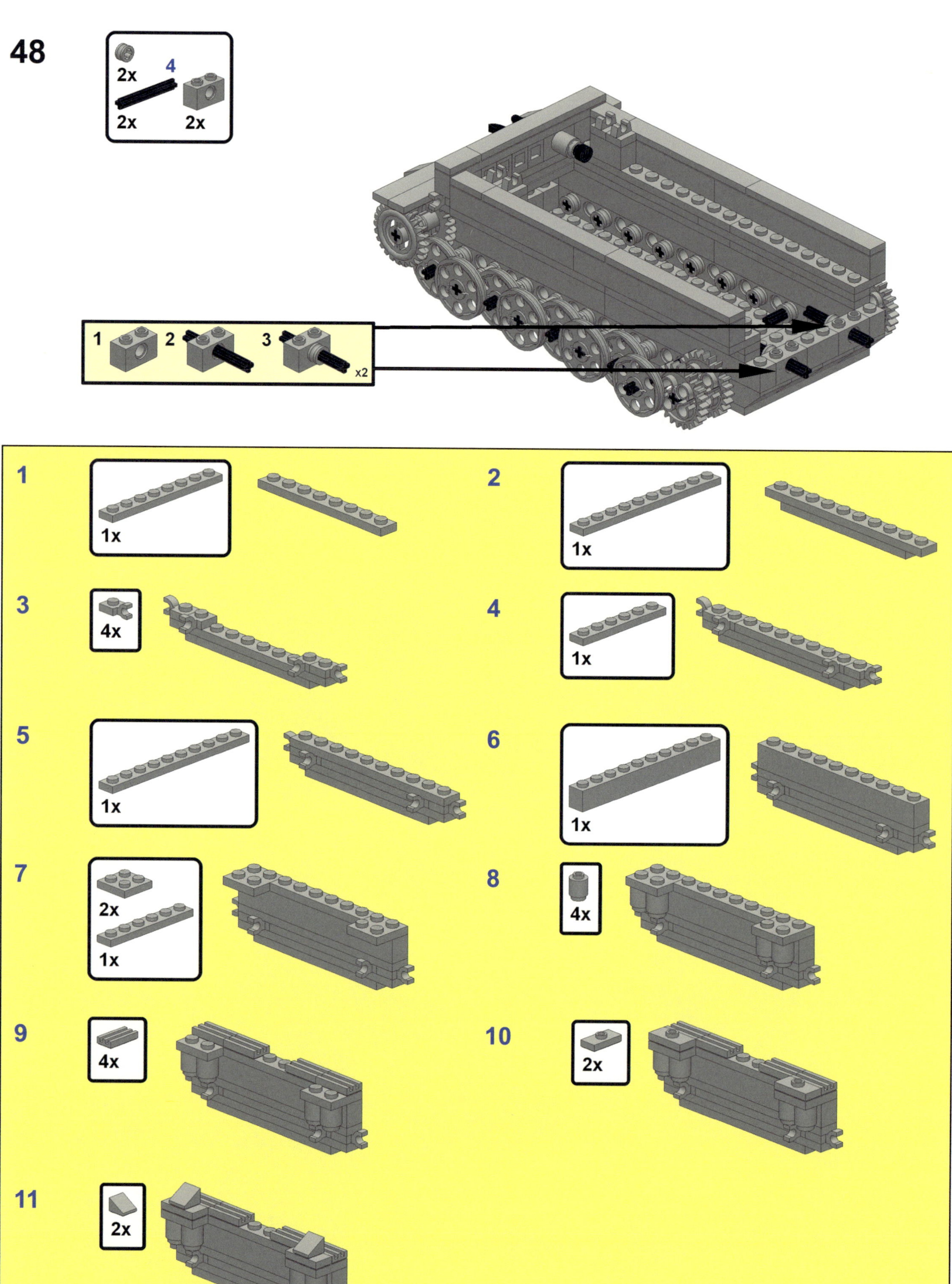

49

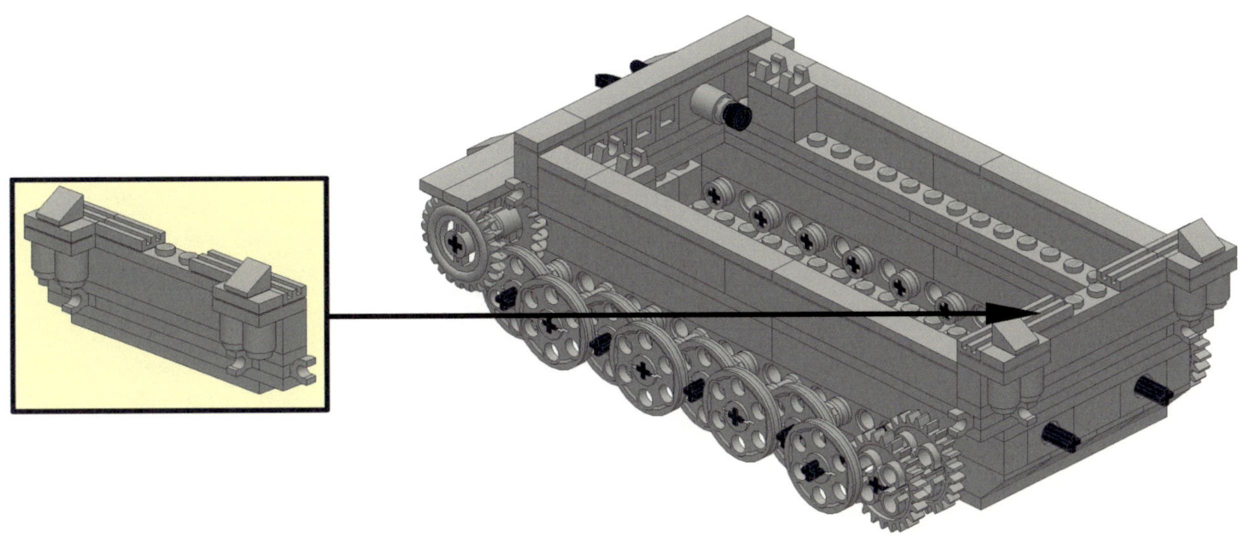

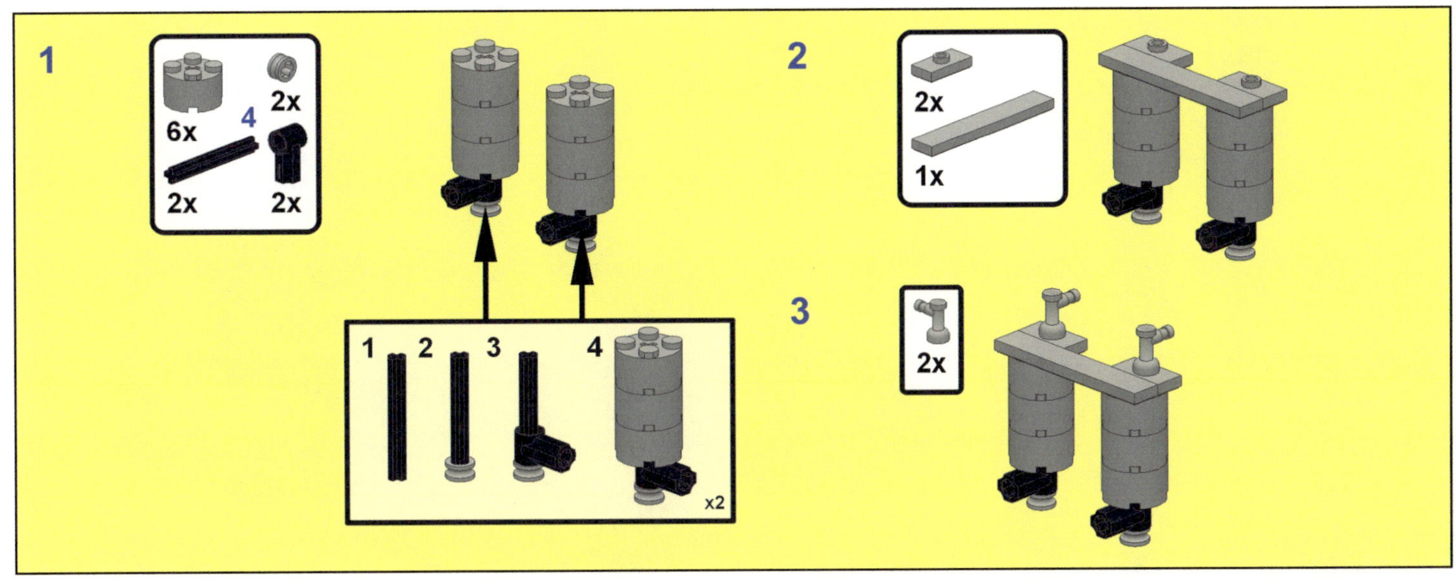

50

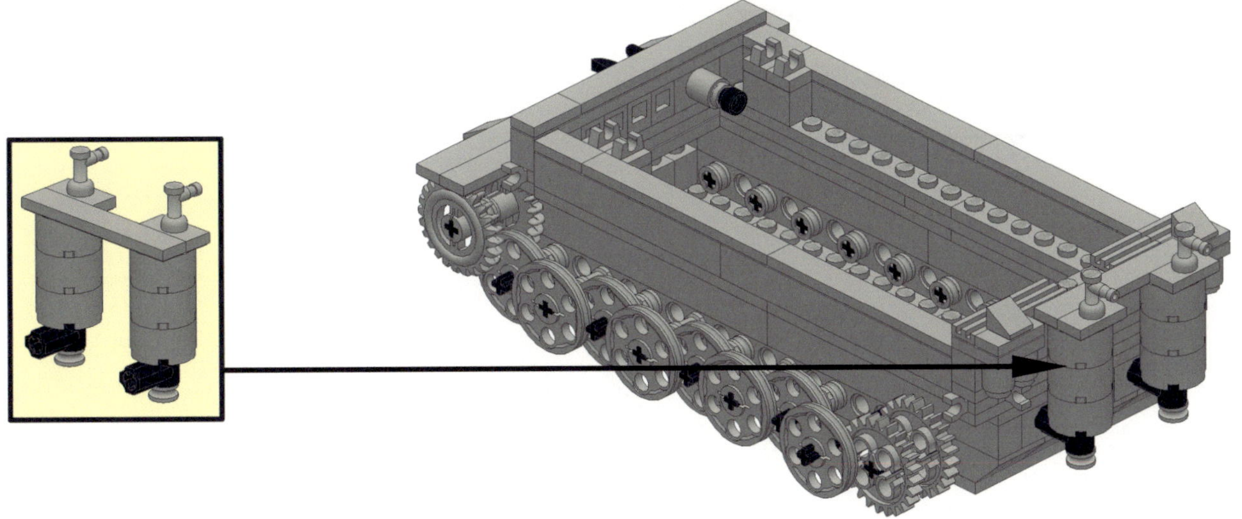

51

5x

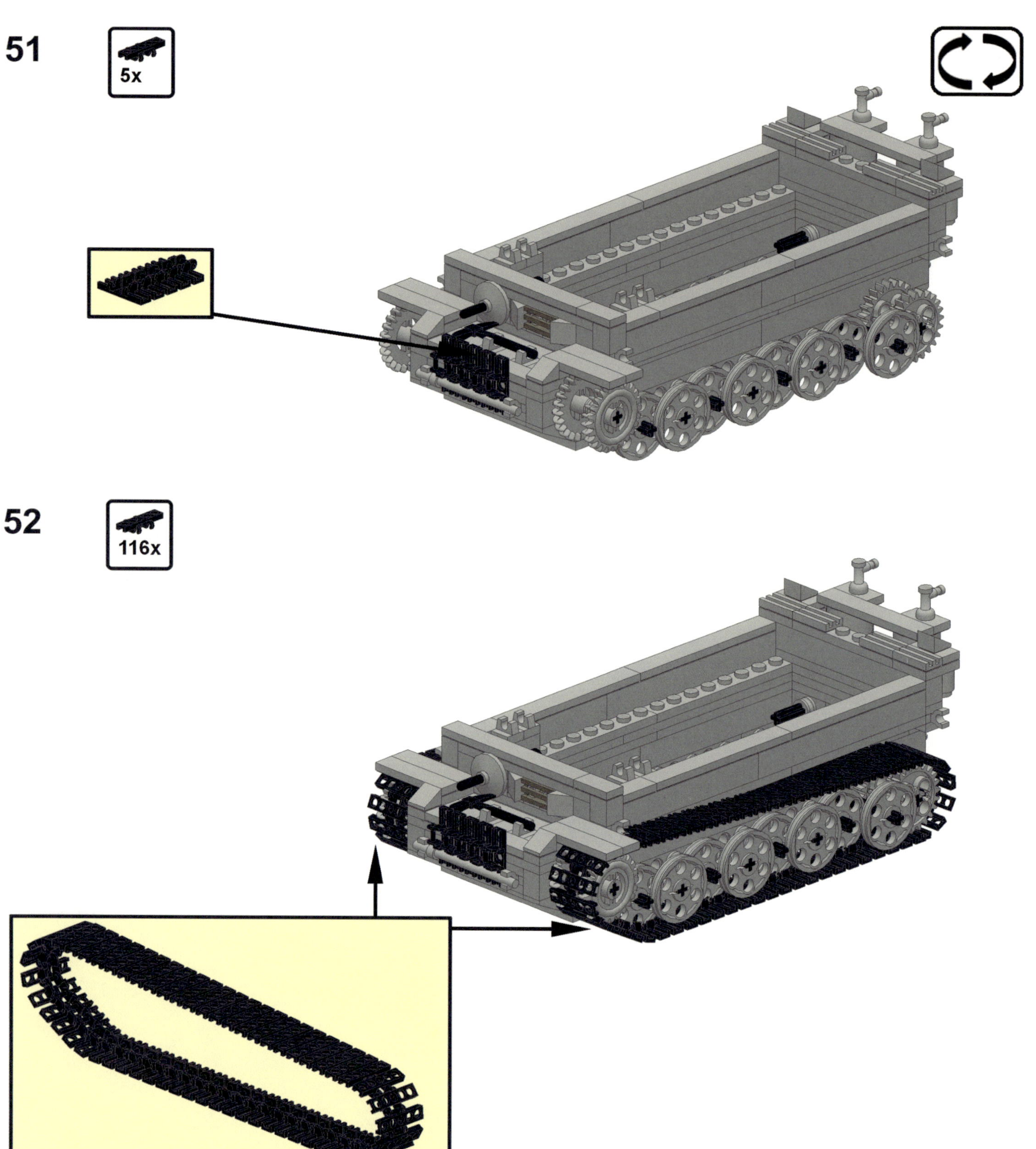

52

116x

x2

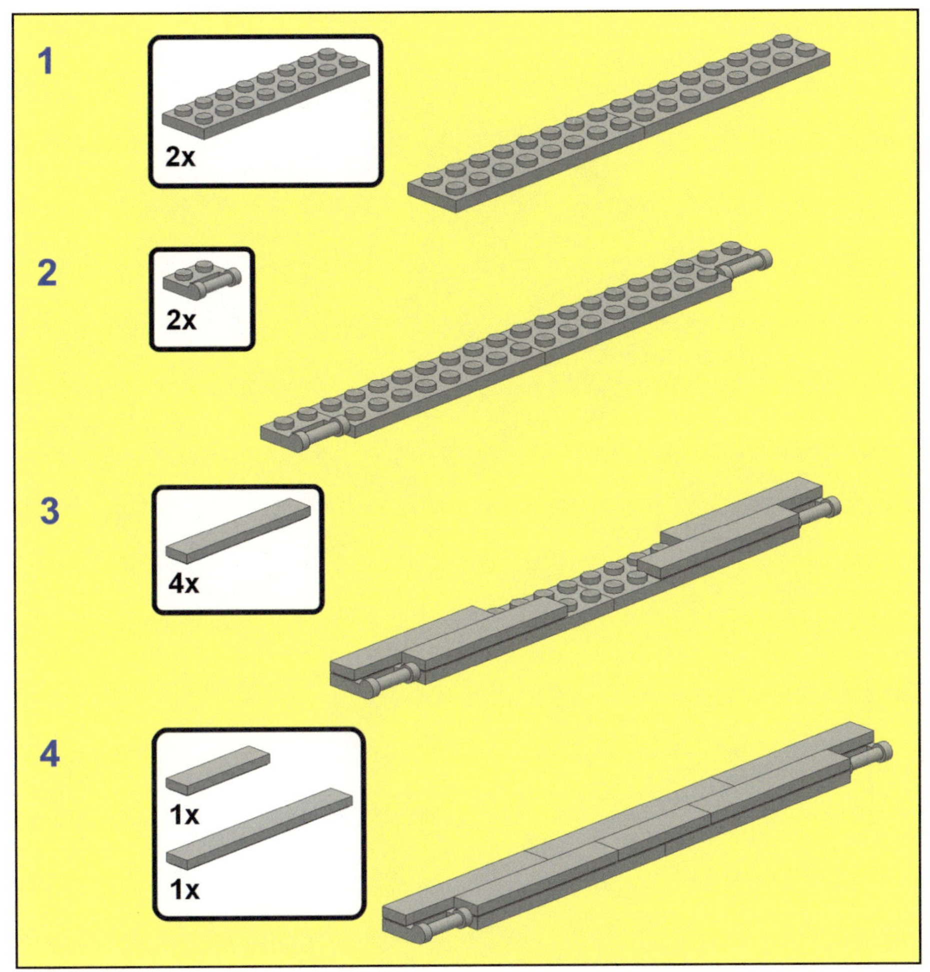

1 2x

2 2x

3 4x

4 1x 1x

53

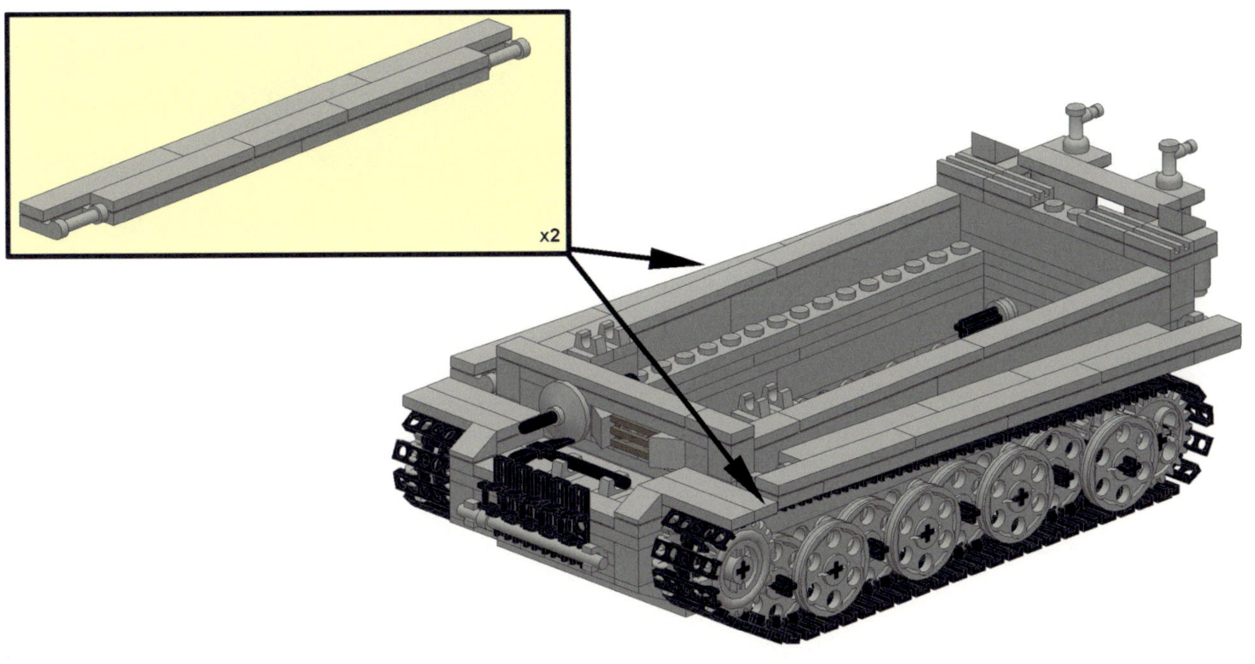

x2

54

1x 1x
1x 1x

1 2

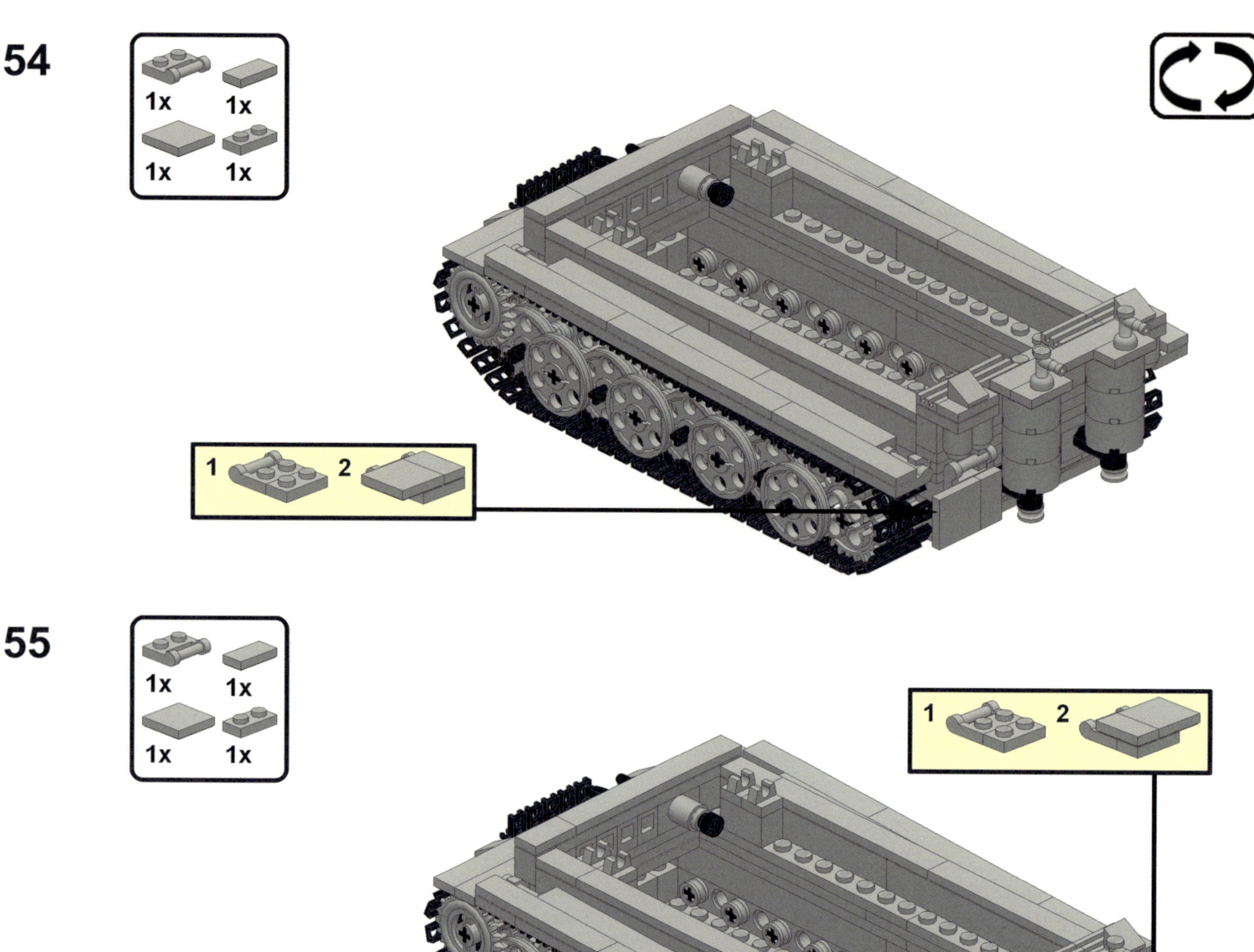

55

1x 1x
1x 1x

1 2

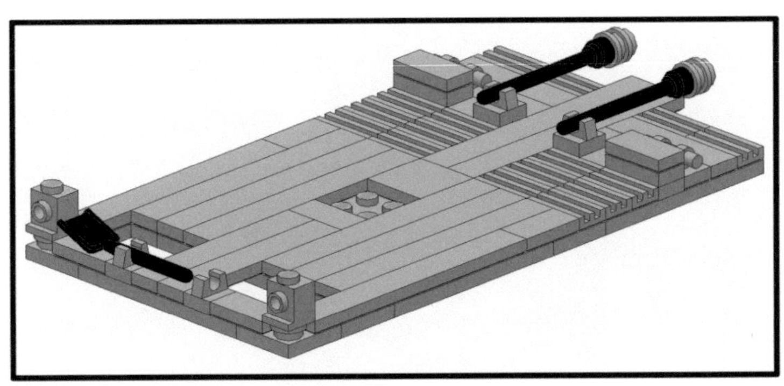

1

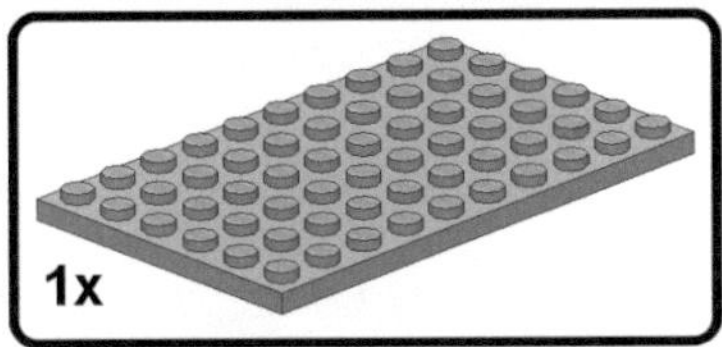
1x

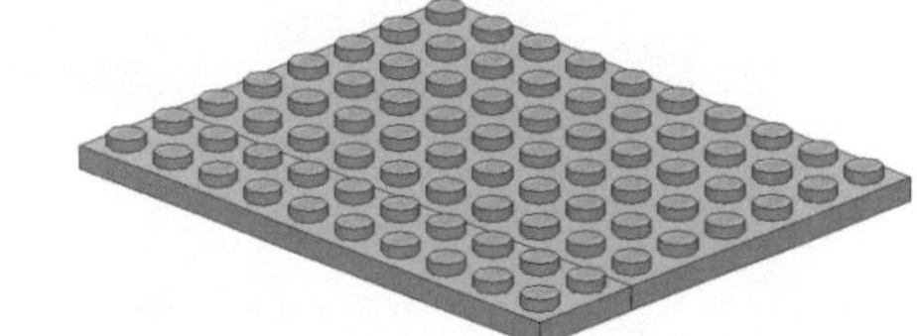

2

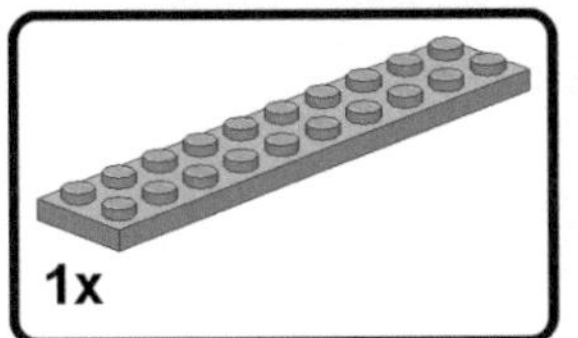
1x

3

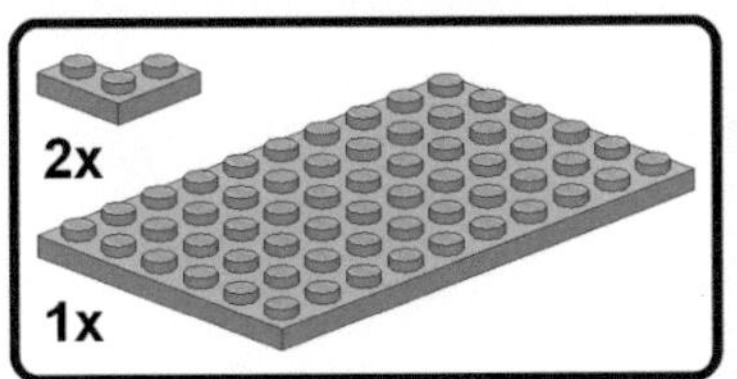
2x
1x

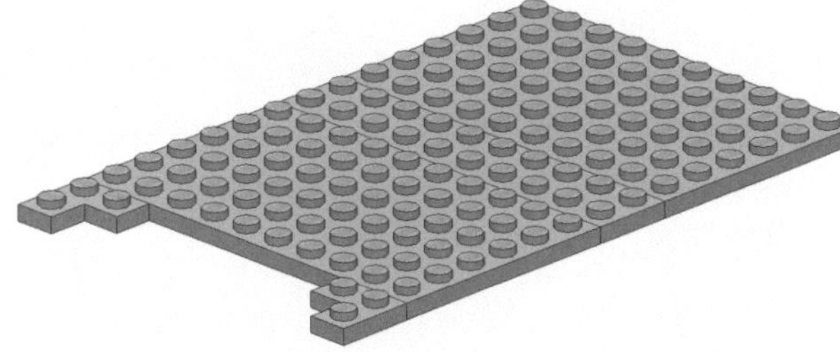

4

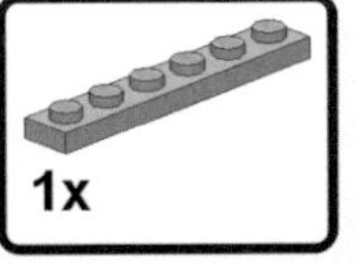
1x

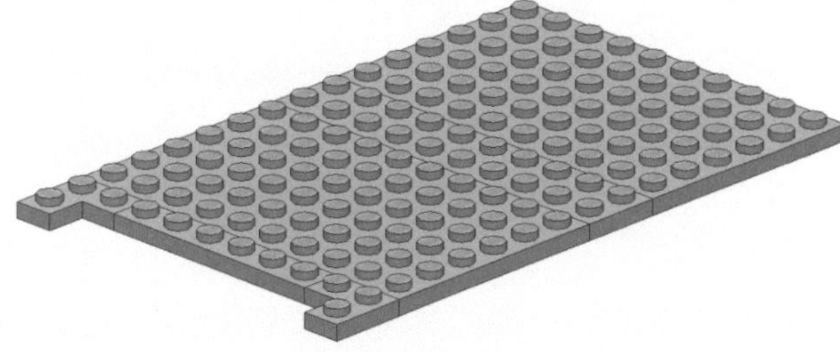

5

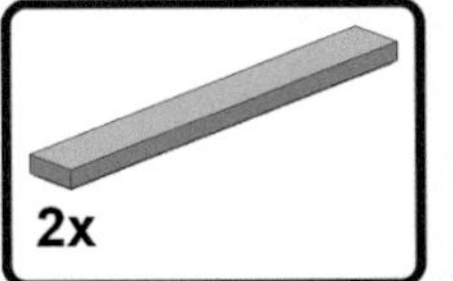
2x

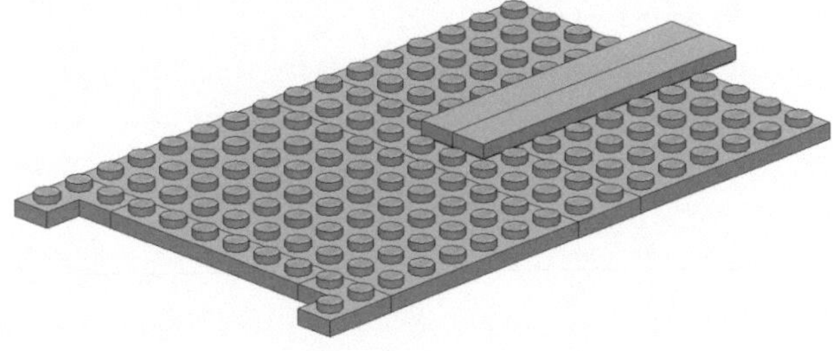

6

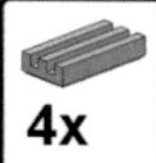

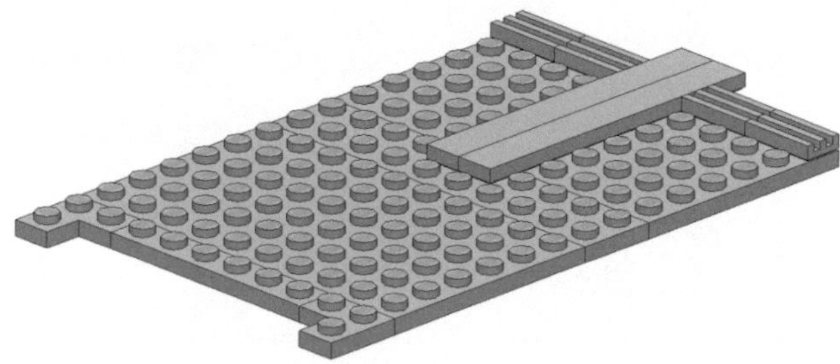

7

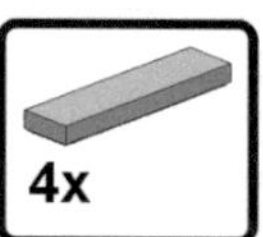

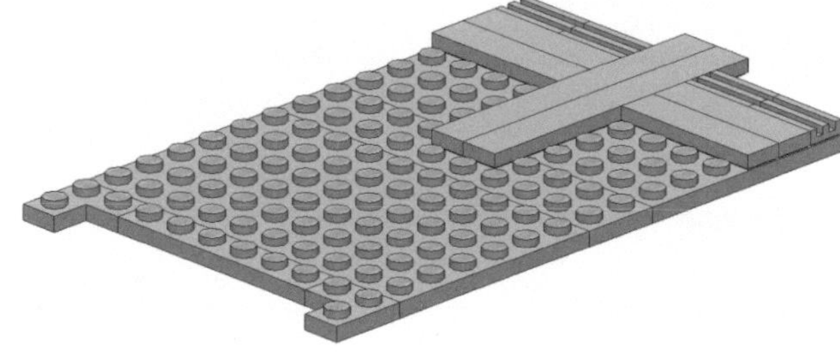

8

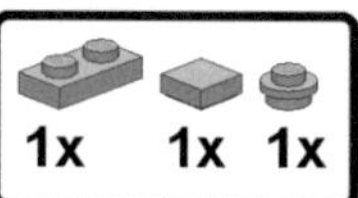

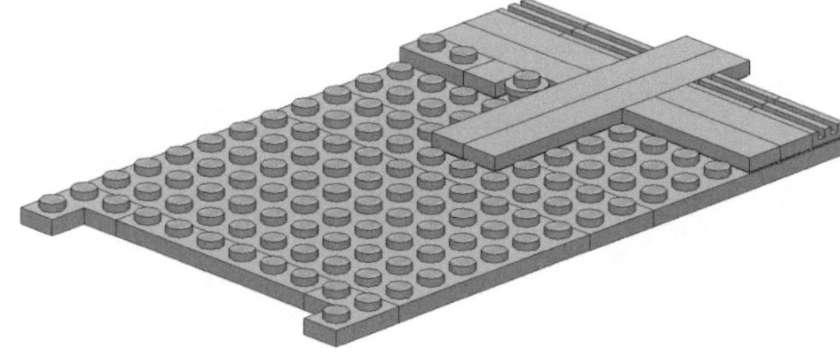

9

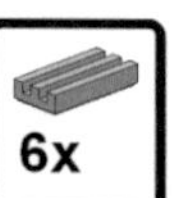

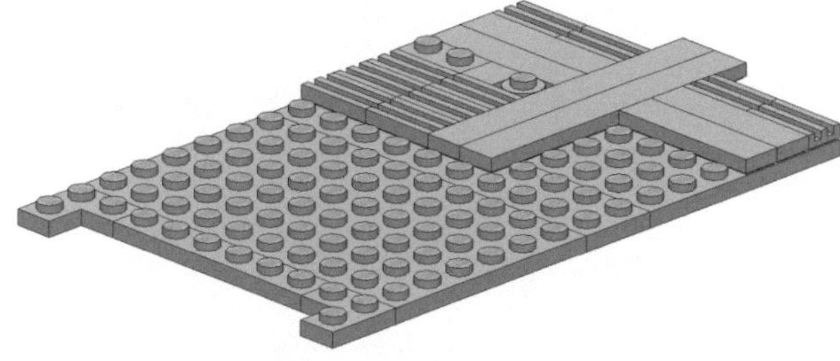

10

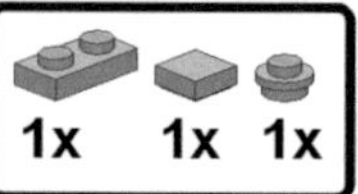

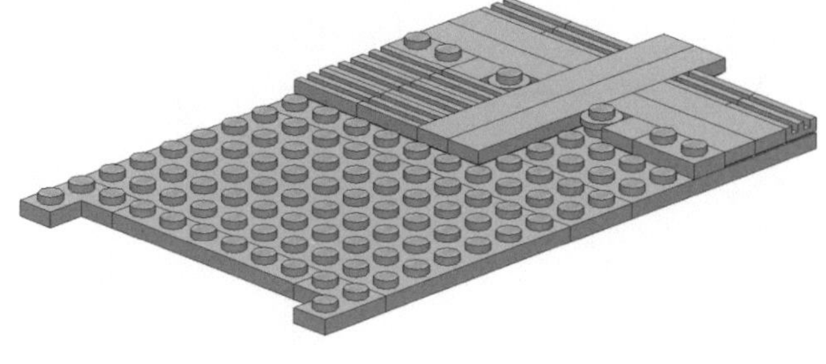

11 

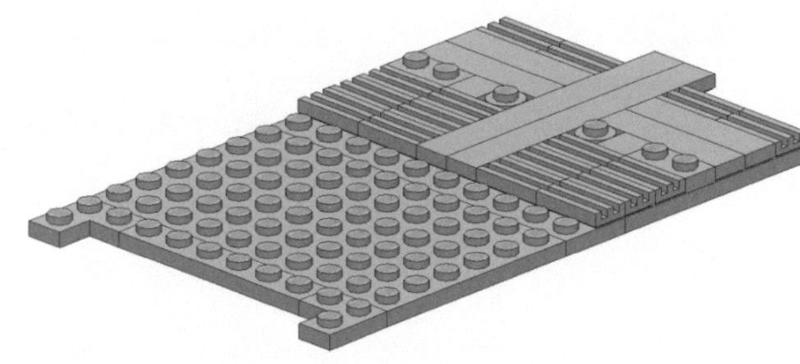

12 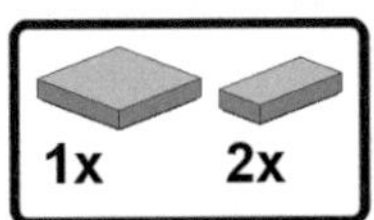

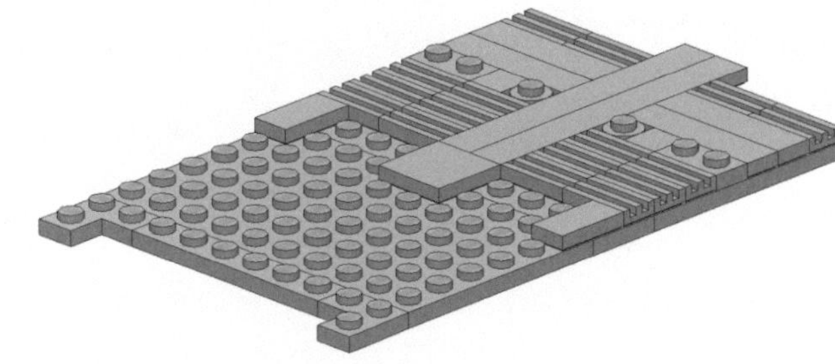

13 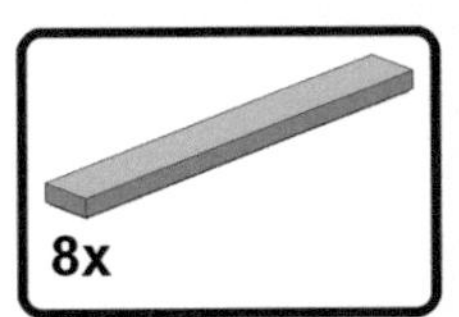

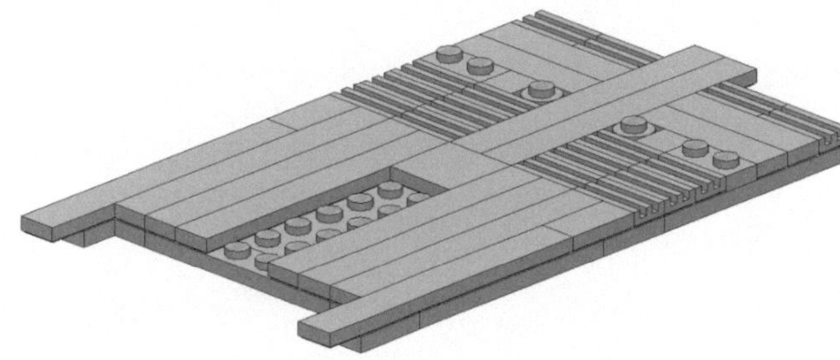

14 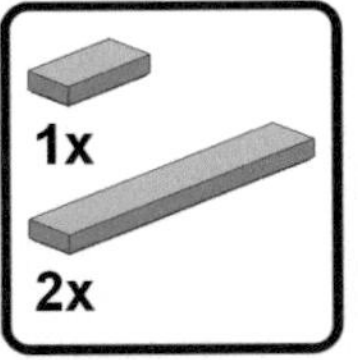

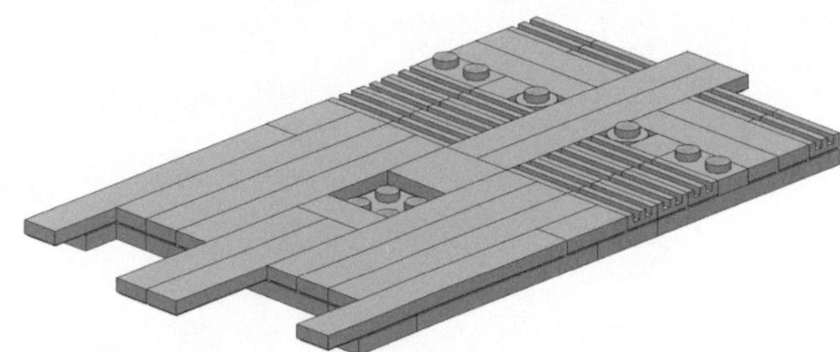

15 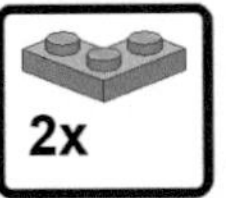

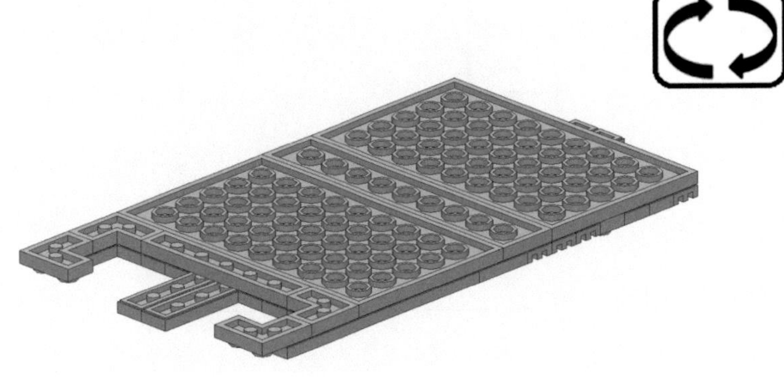

16

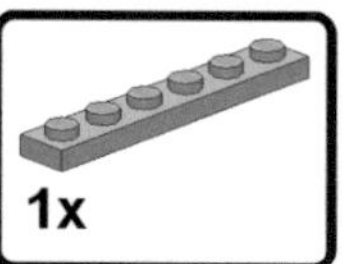

1x

17

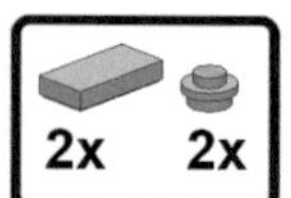

2x 2x

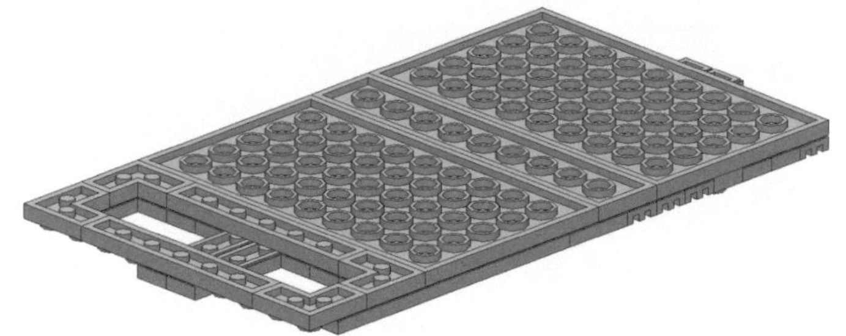

18

2x

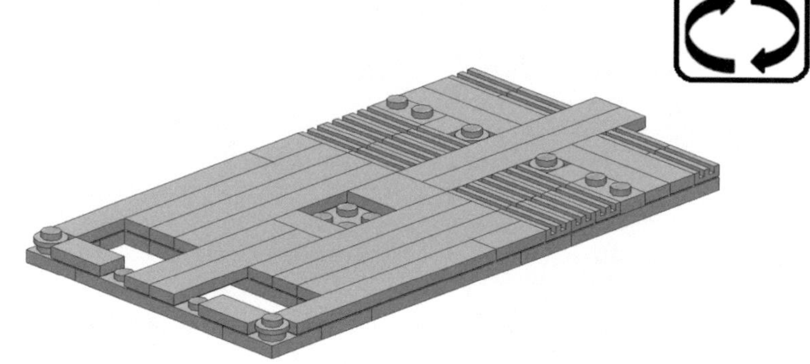

19

2x 1x

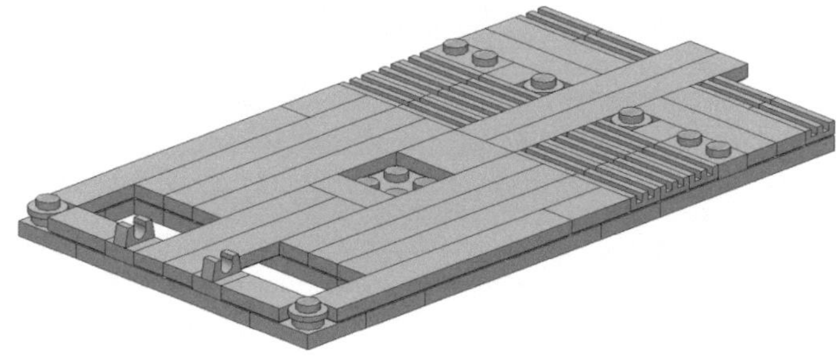

20

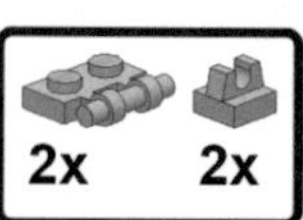

2x 2x

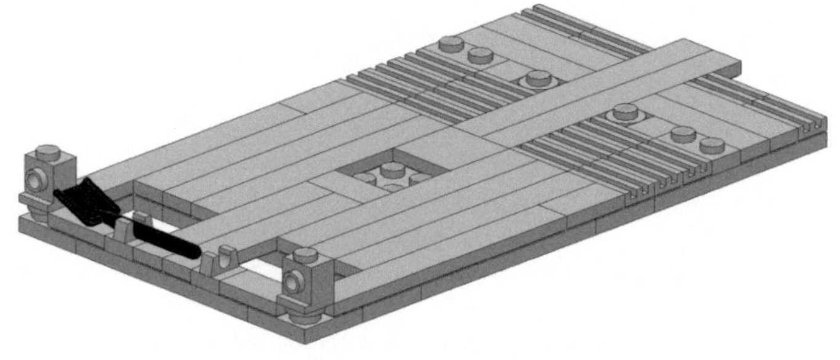

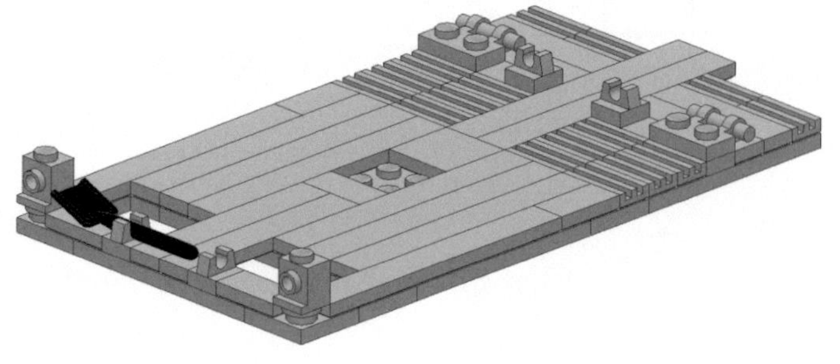

21

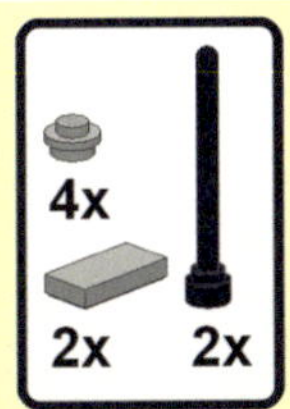

56

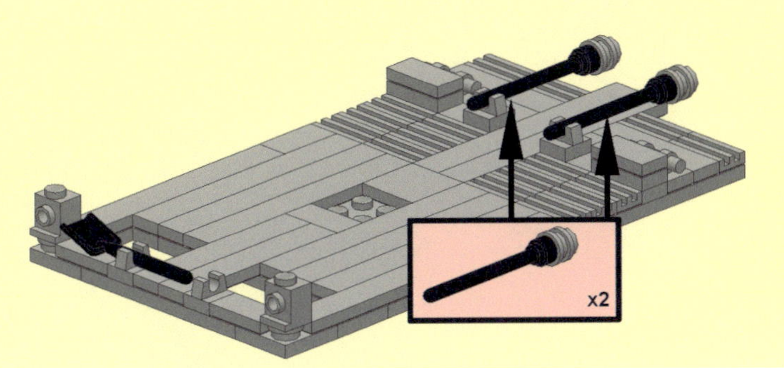

57

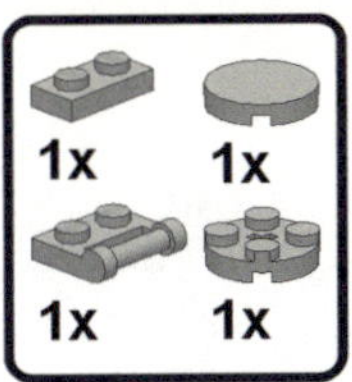

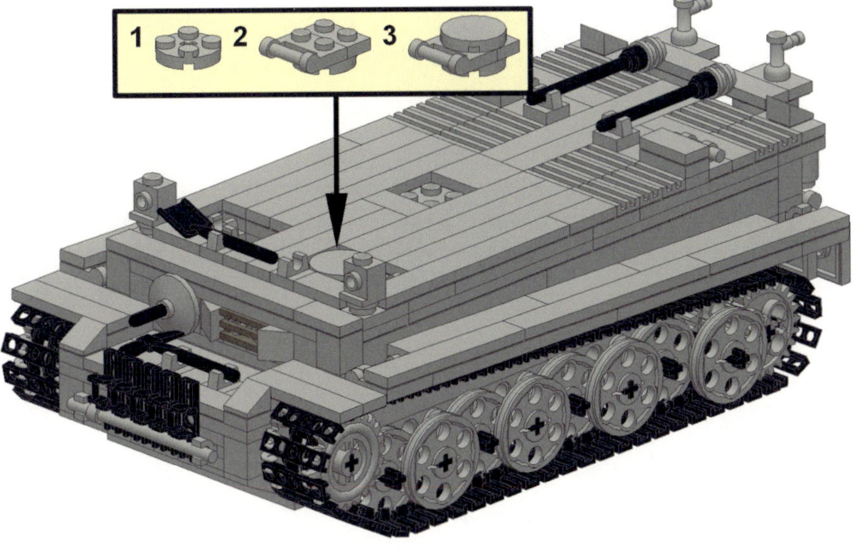

58

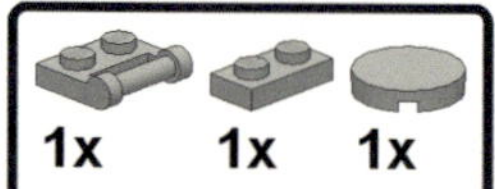

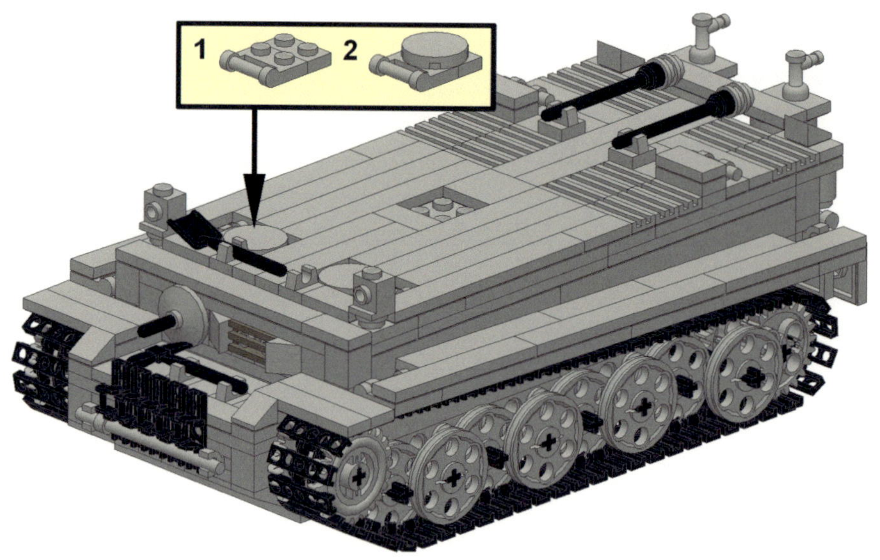

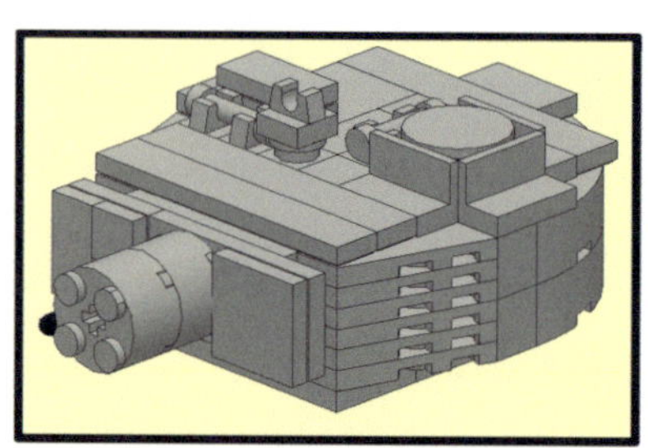

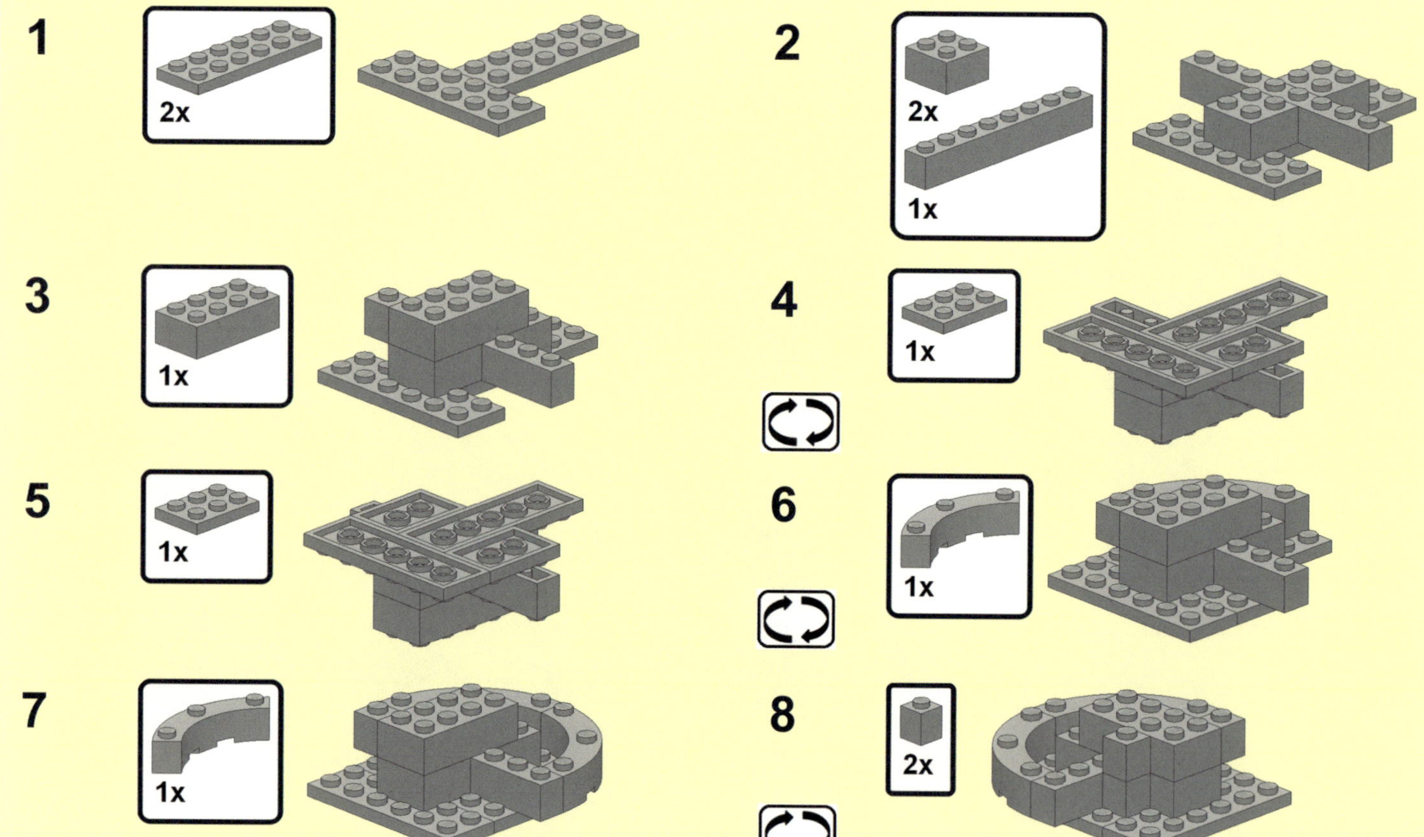

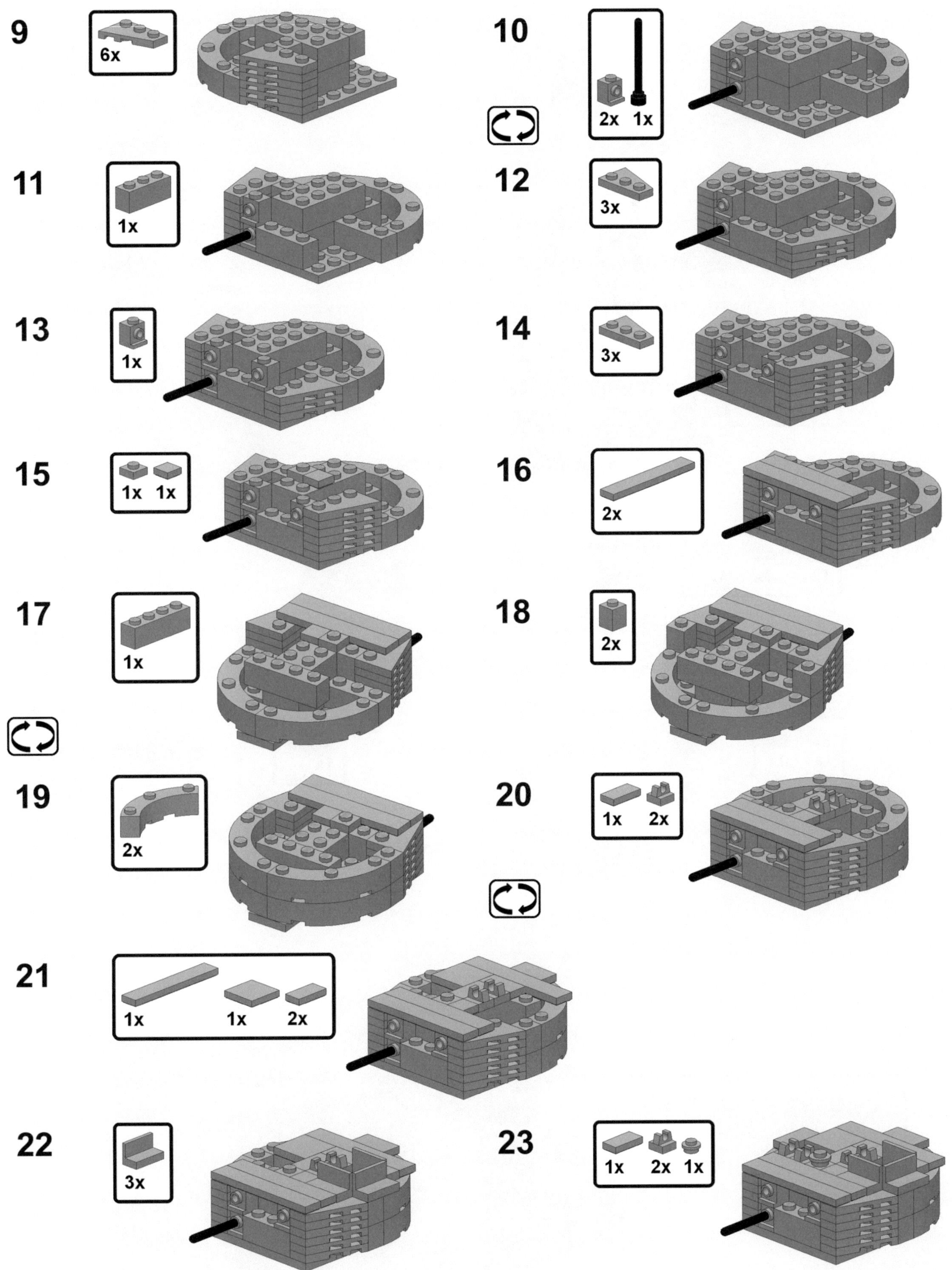

24 1x

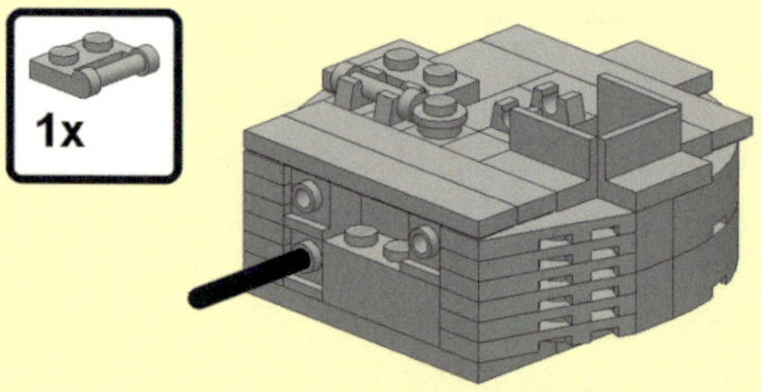

25 1x 1x

26 1x

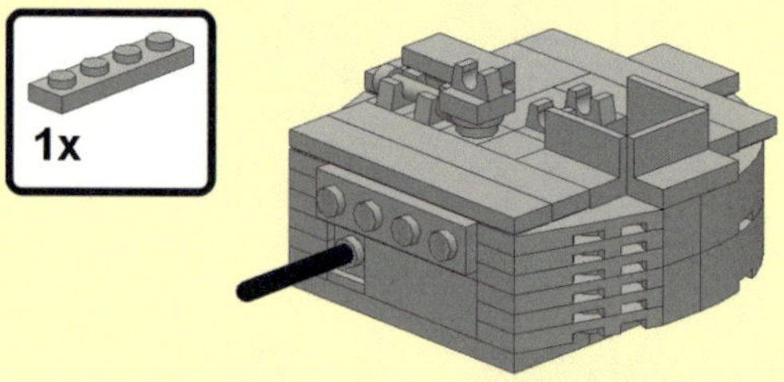

27 1x

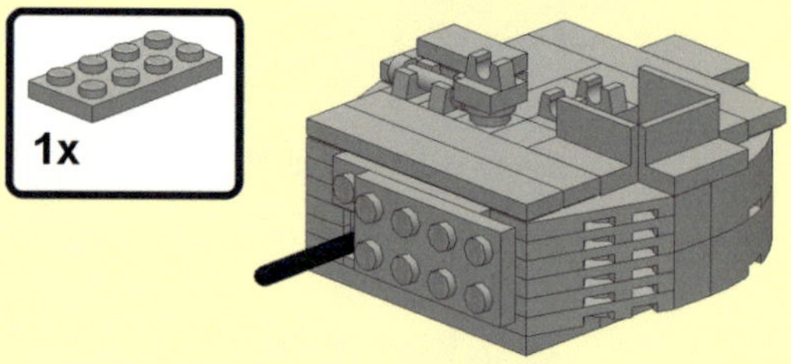

28 1x 2x

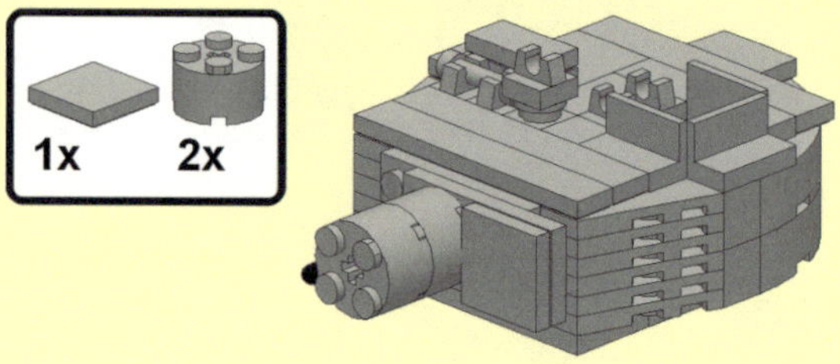

29 1x

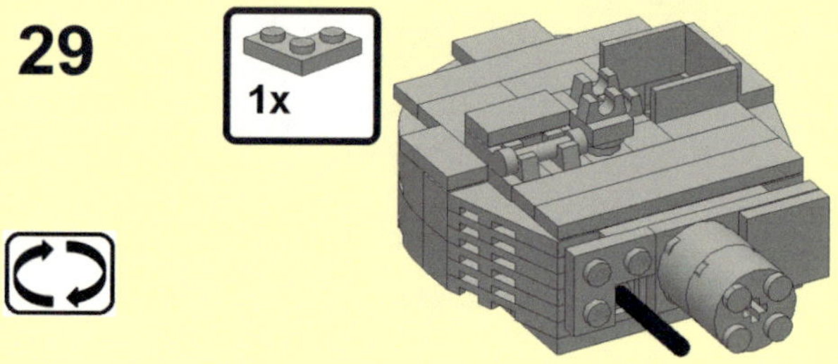

30 1x 1x 1x

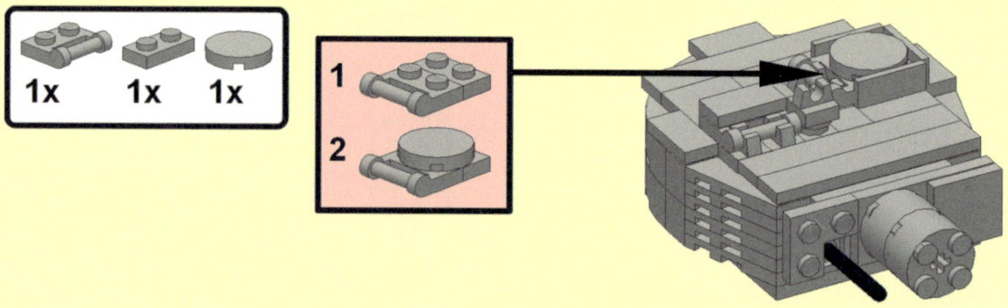

31 1x 1x

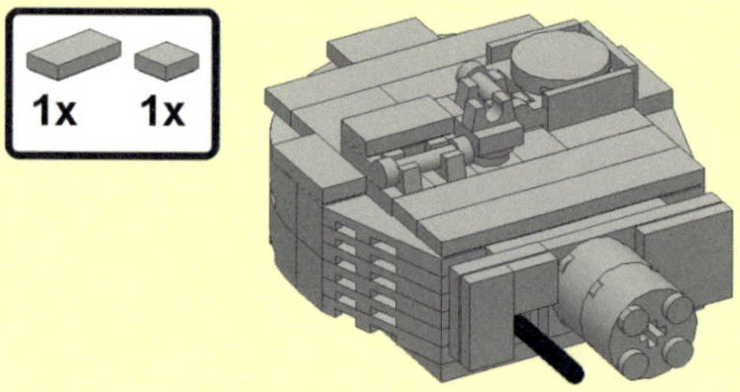

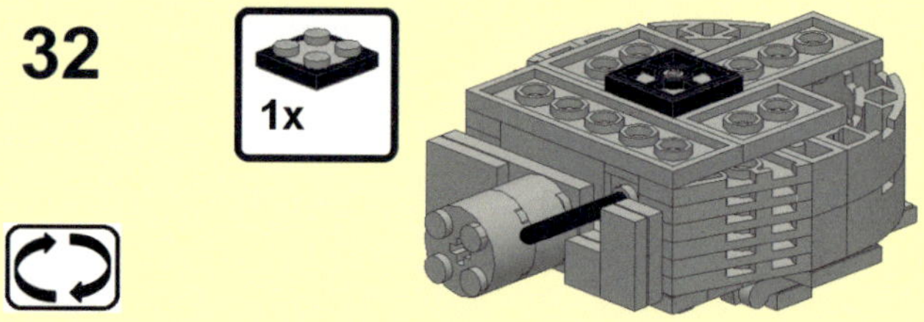

32 1x

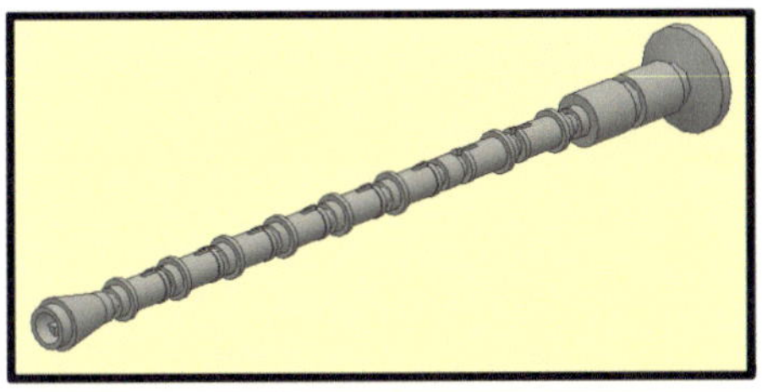

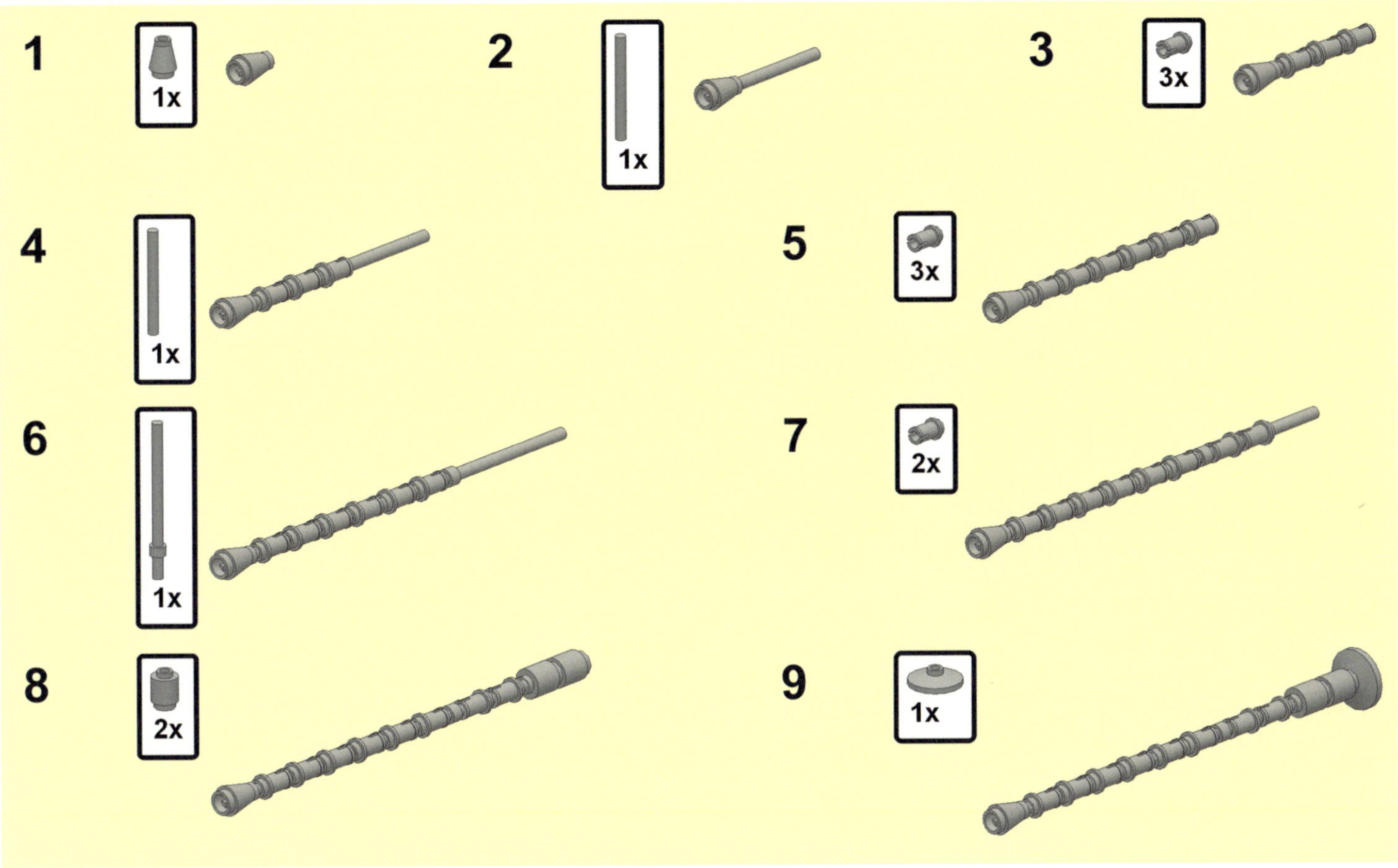

1 1x

2 1x

3 3x

4 1x

5 3x

6 1x

7 2x

8 2x

9 1x

60

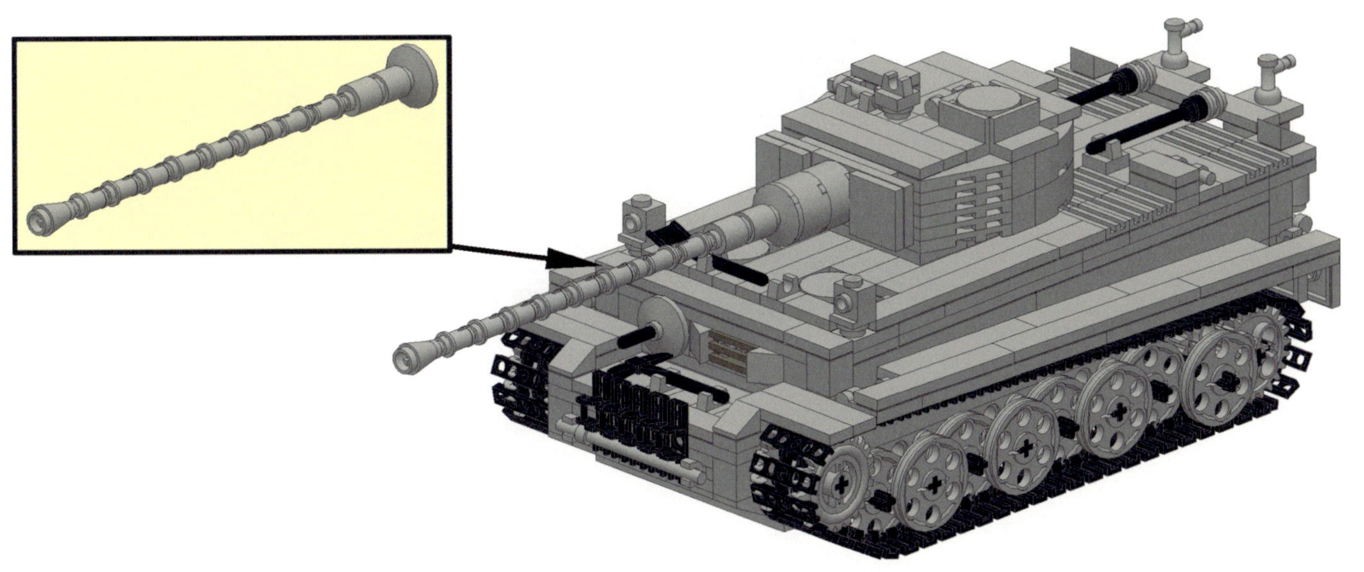

𝕻𝖆𝖓𝖟𝖊𝖗𝖐𝖆𝖒𝖕𝖋𝖜𝖆𝖌𝖊𝖓 VI II 𝕶𝖔𝖓𝖎𝖌𝖘𝖙𝖎𝖌𝖊𝖗

Zum Bau des Fahrzeuges benötigen Sie 718 LEGO® Bausteine.
Die Ketten sind beweglich und der Turm lässt sich um 360 Grad drehen.
4 Luken für die Besatzung lassen sich öffnen. Viele kleine Details machen dieses
Modell authentisch.

Requires approx. 718 LEGO® bricks.
Tracks move and the turret can be turned 360 degrees.
4 Hatches can be opened.

Länge: ca. 29 cm   Breite: 10 cm   Höhe: 10cm

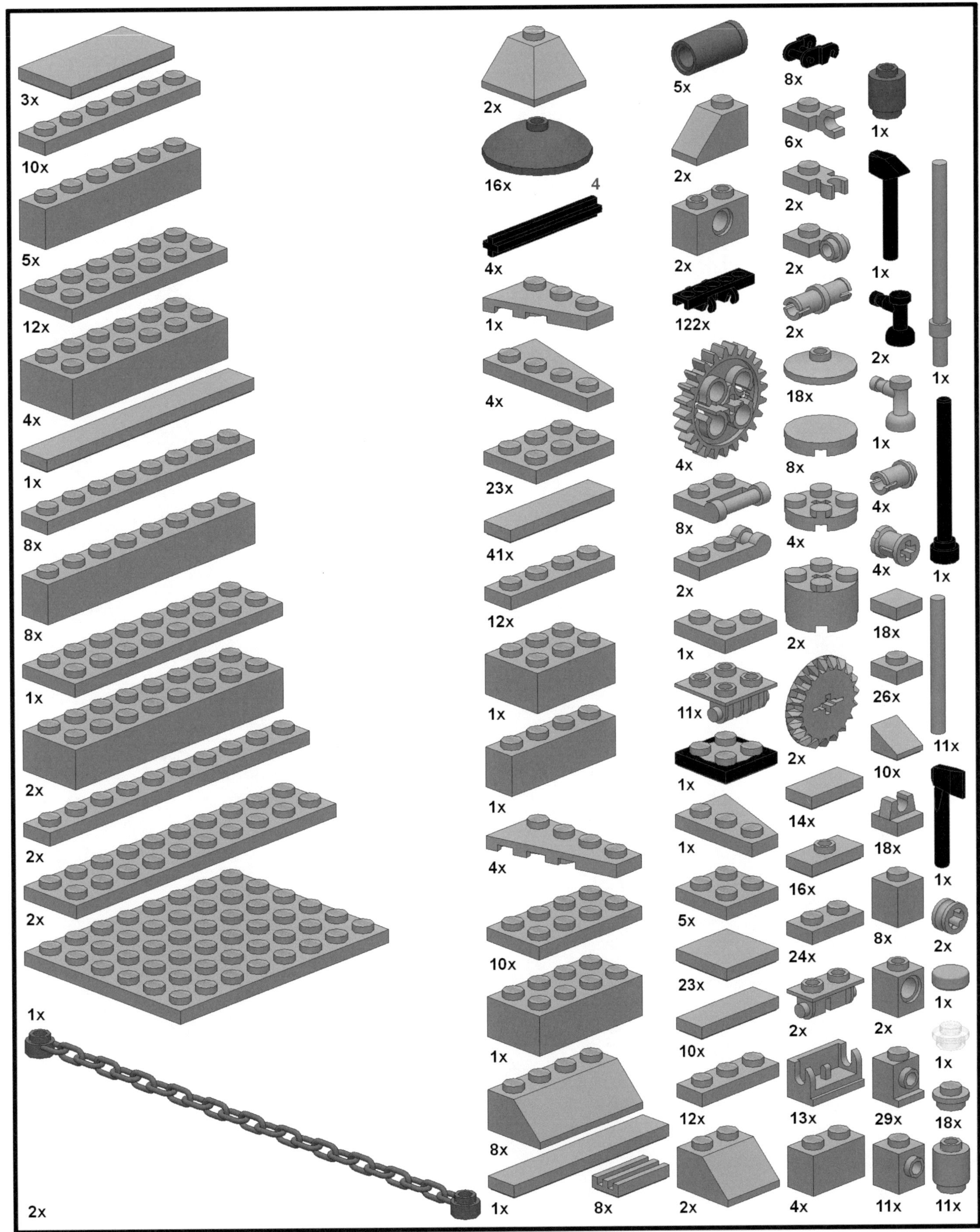

1

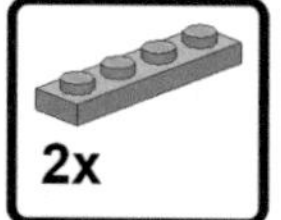

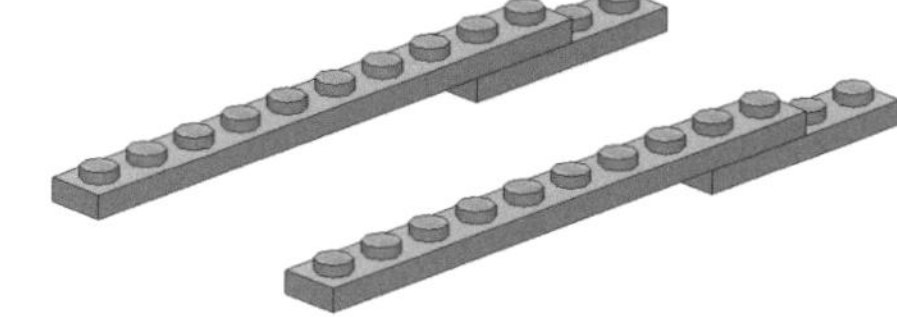

2

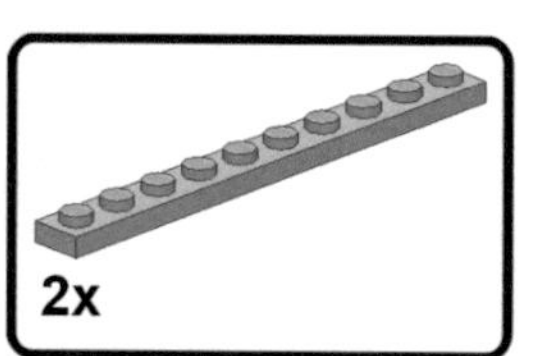

3

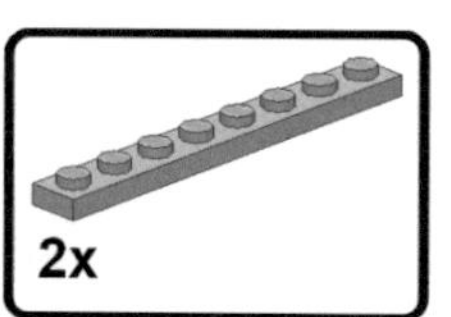

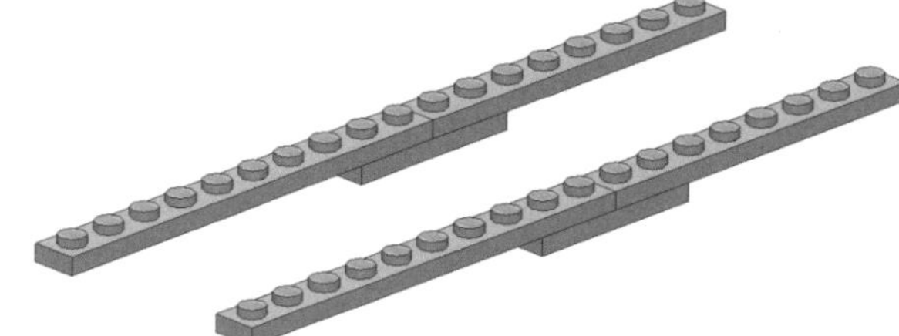

4

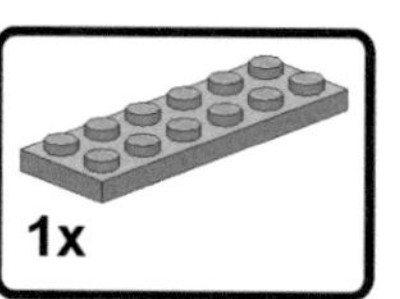

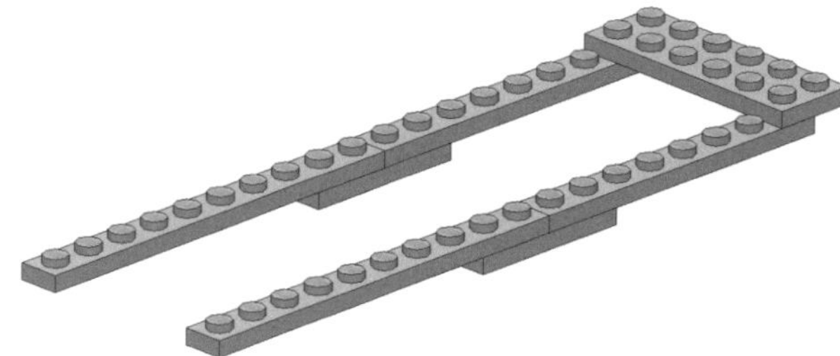

5

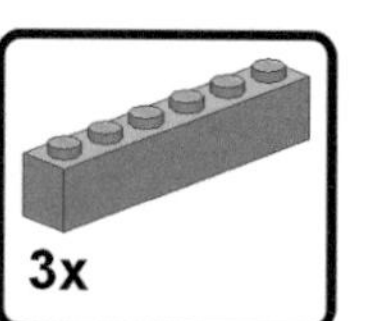

6

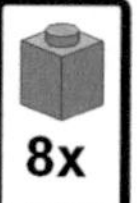

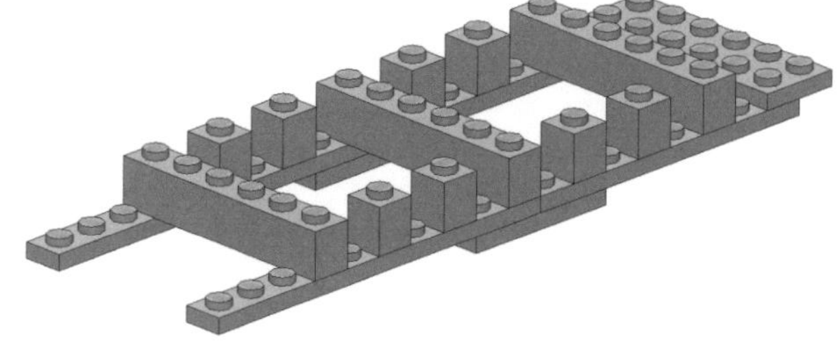

7

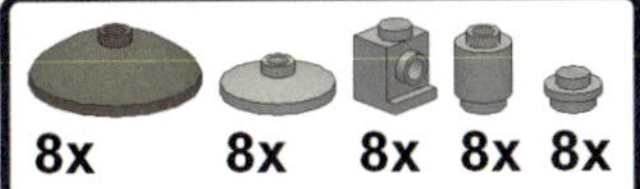

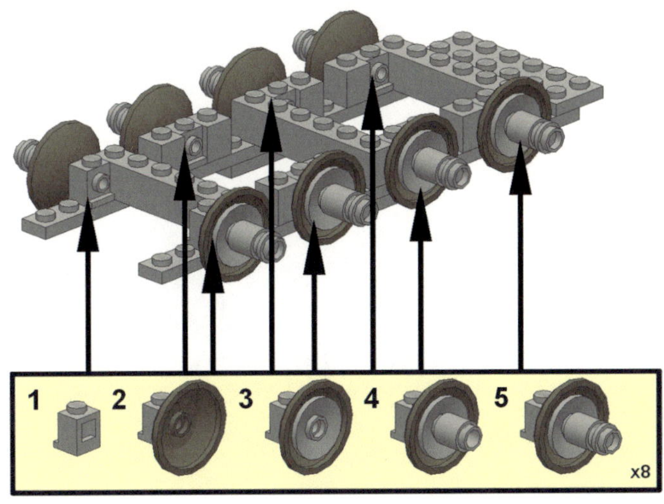

8

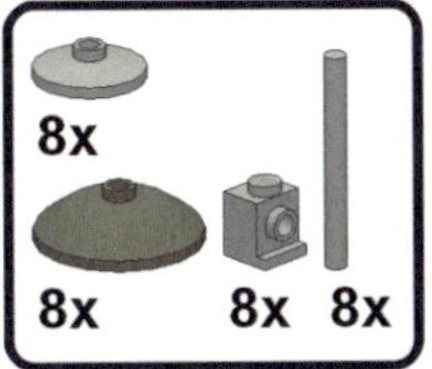

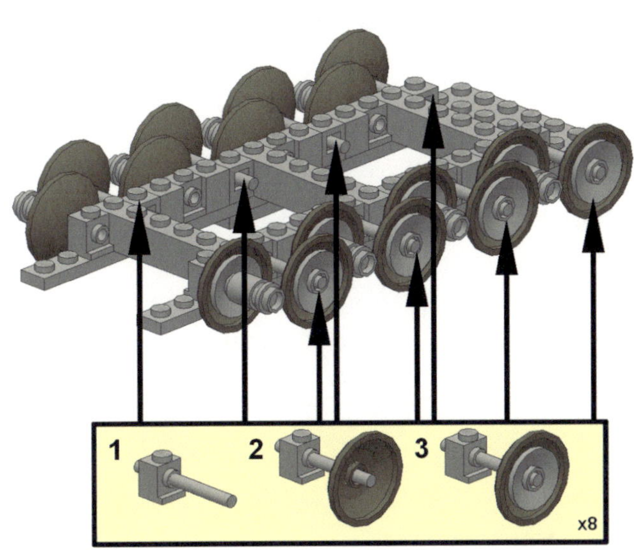

9

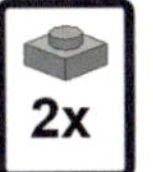

10

11

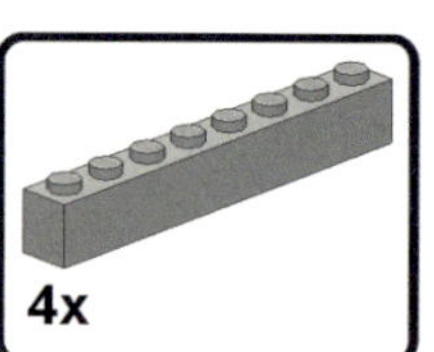

12

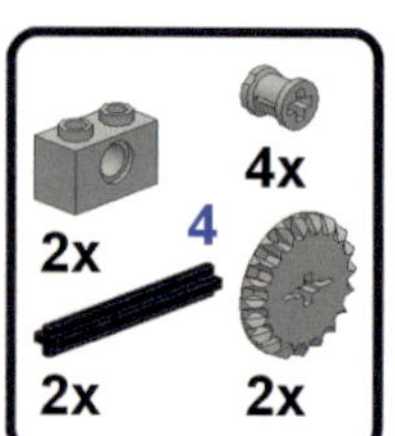

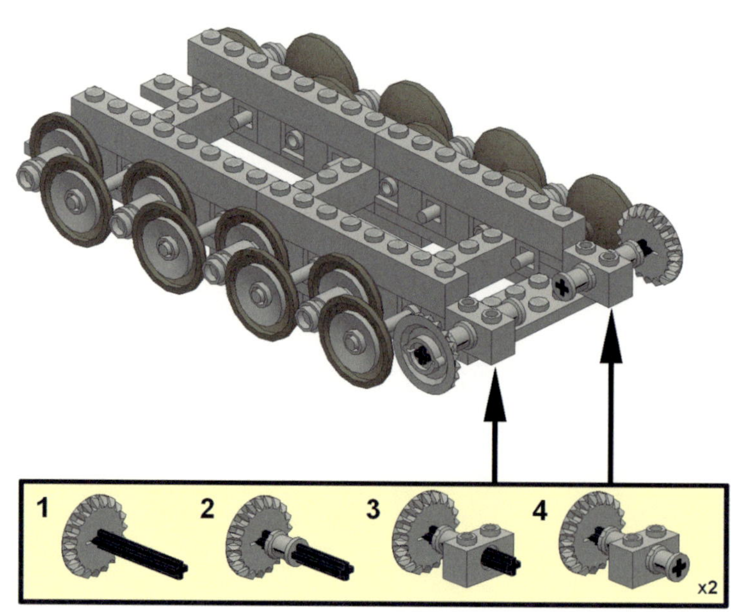

13

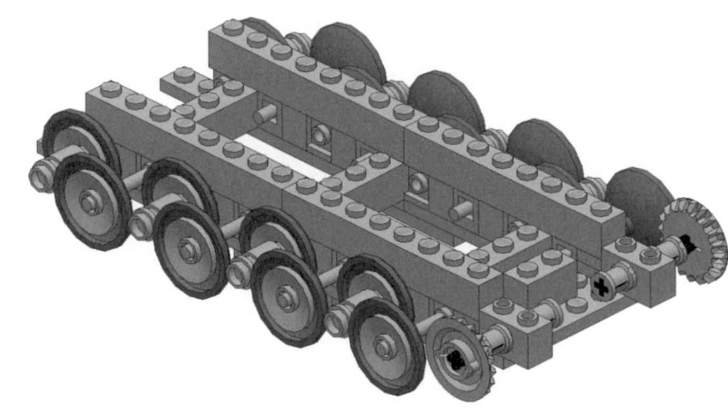

14

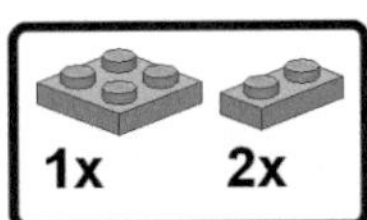

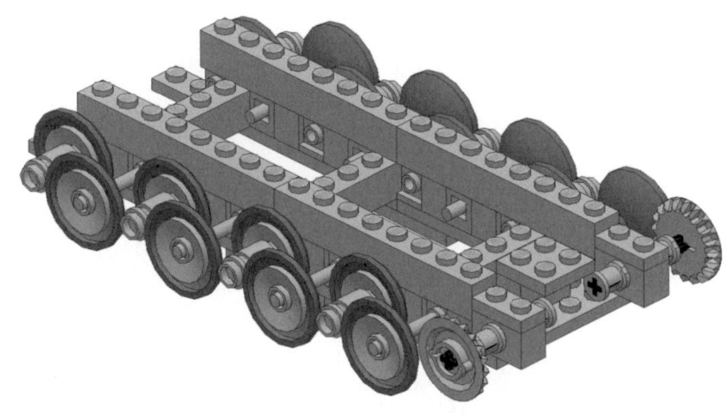

15

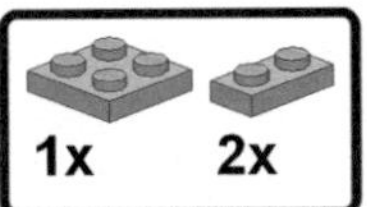

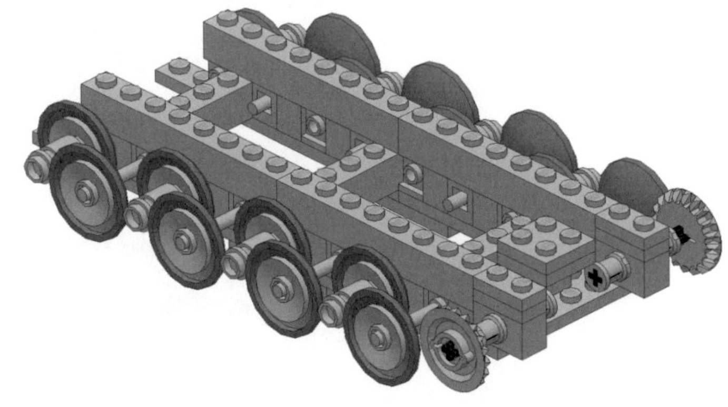

16

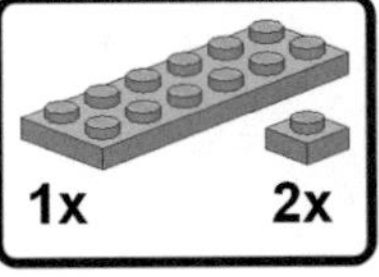

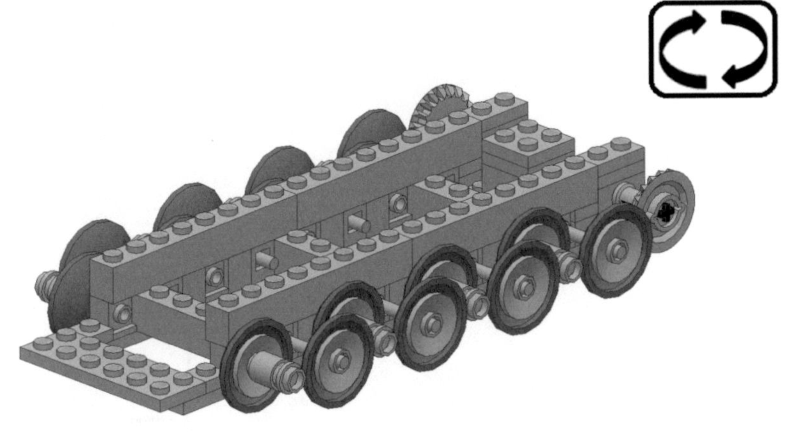

17

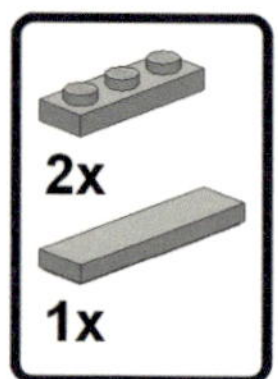

2x
1x

18

2x

19

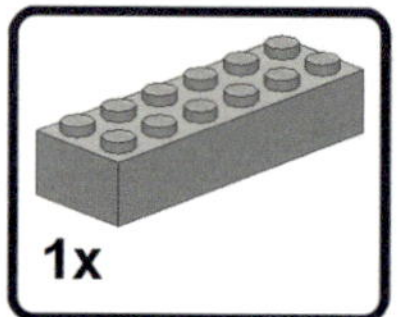

1x

20

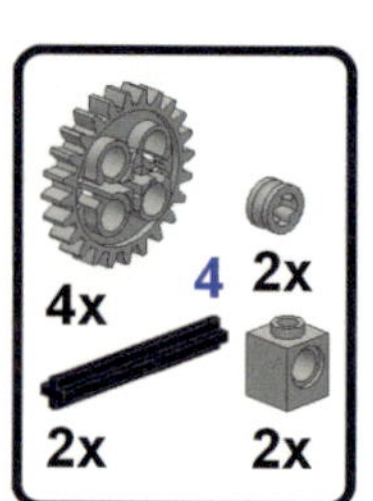

4x 4 2x
2x   2x

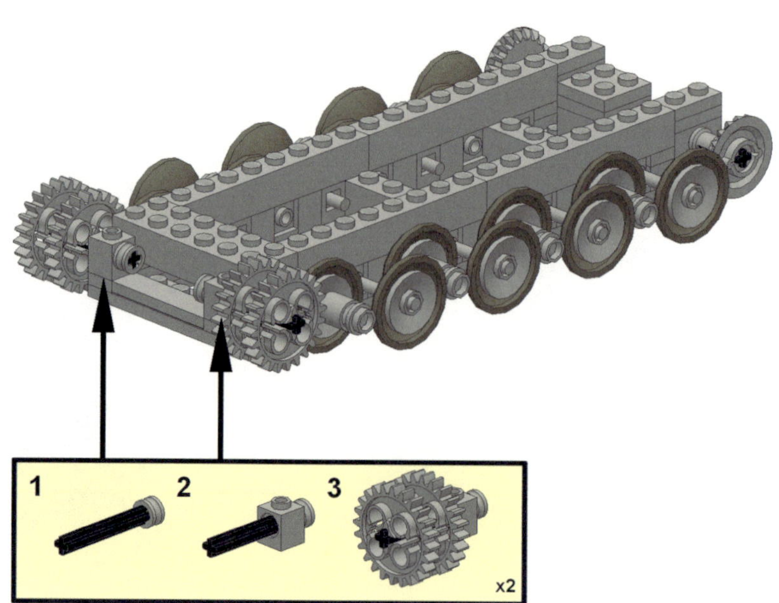

21

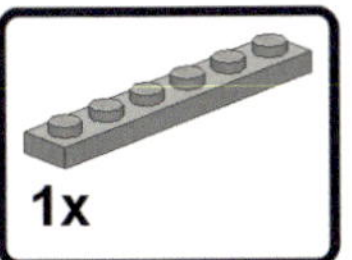

1x

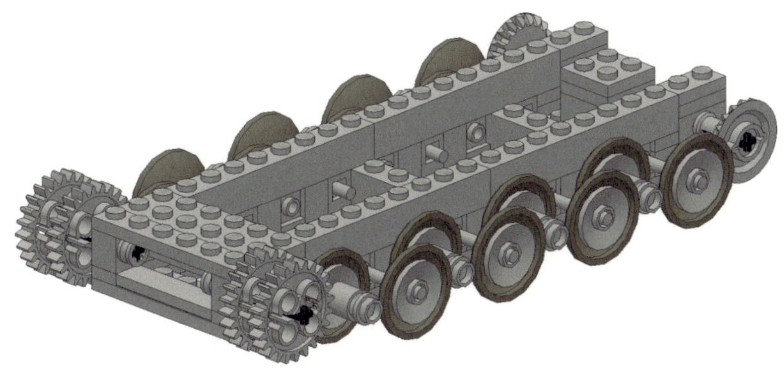

22

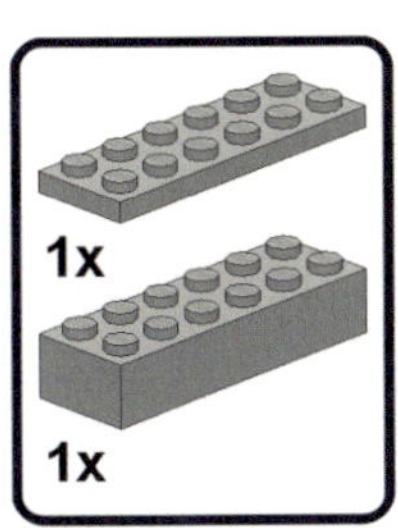

1x

1x

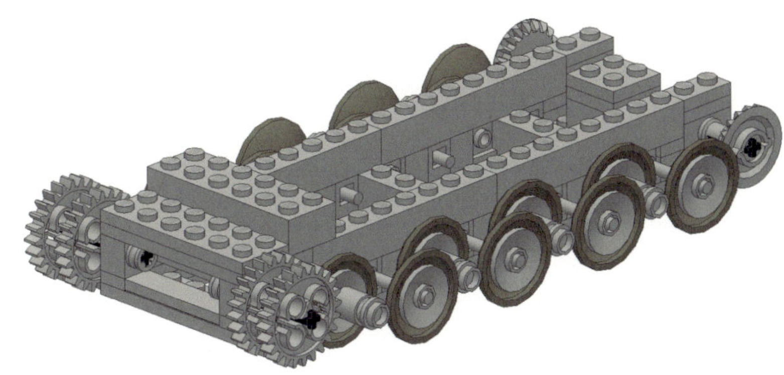

23

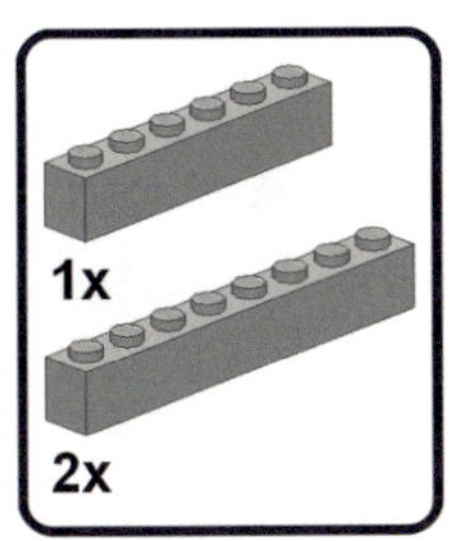

1x

2x

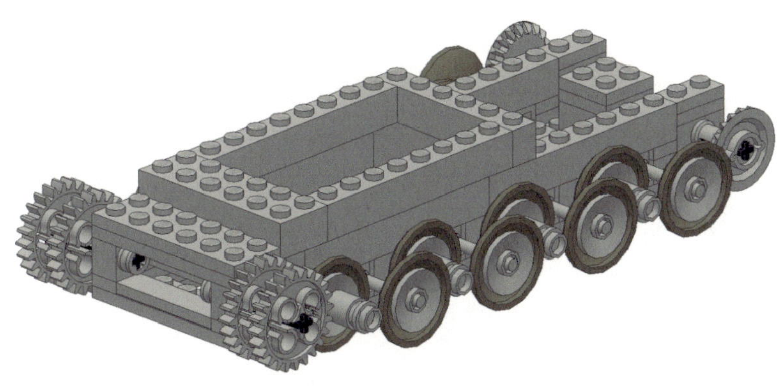

24

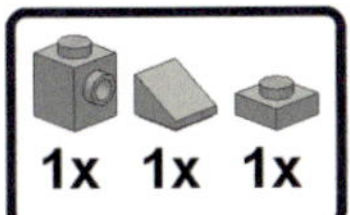

1x 1x 1x

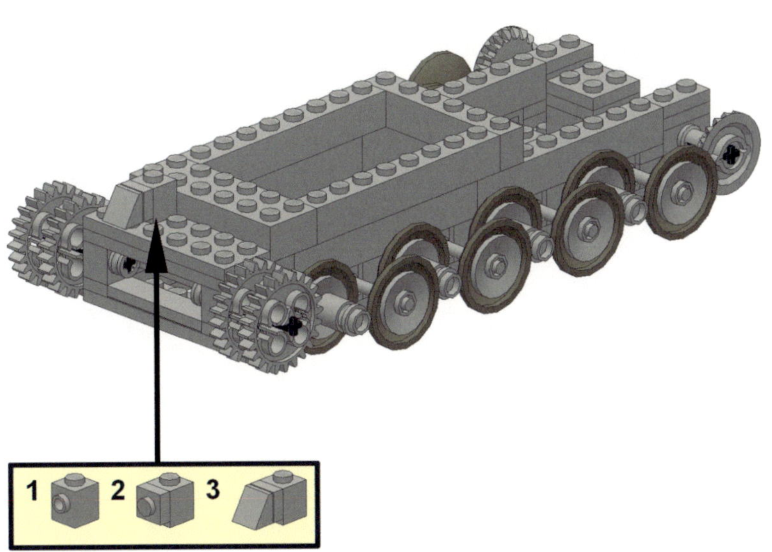

25

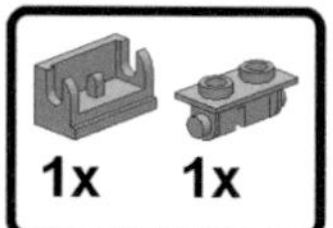

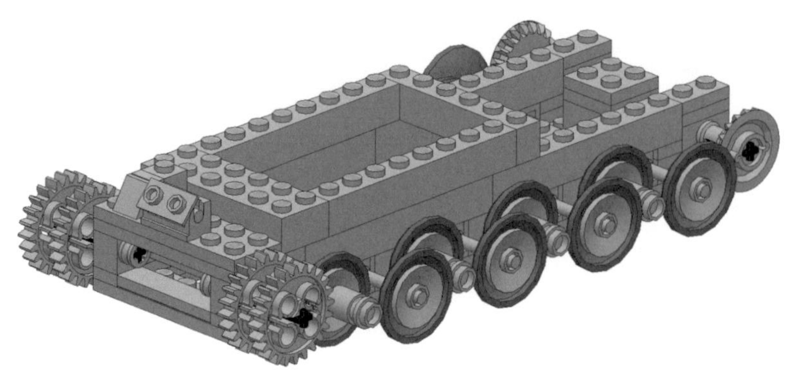

26

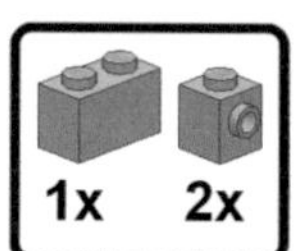

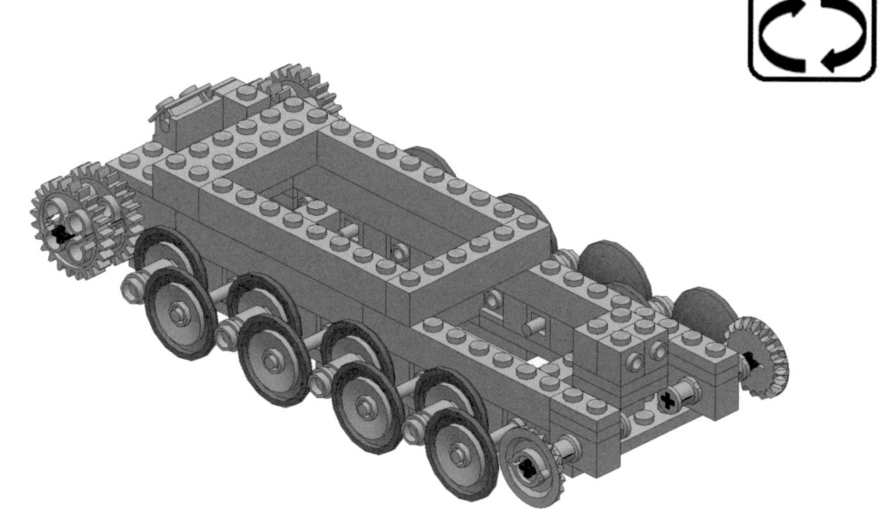

27

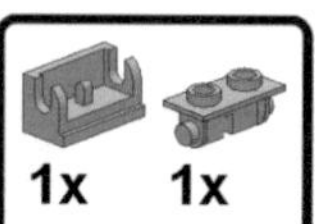

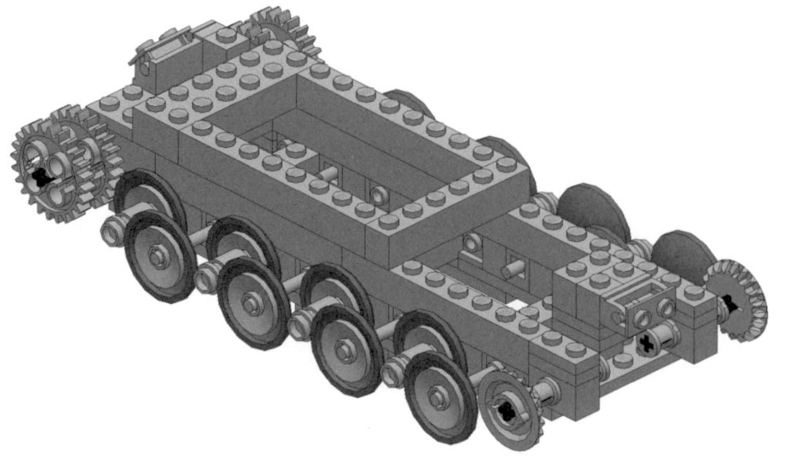

28

29

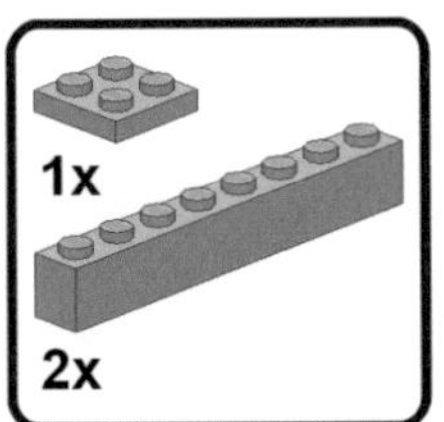

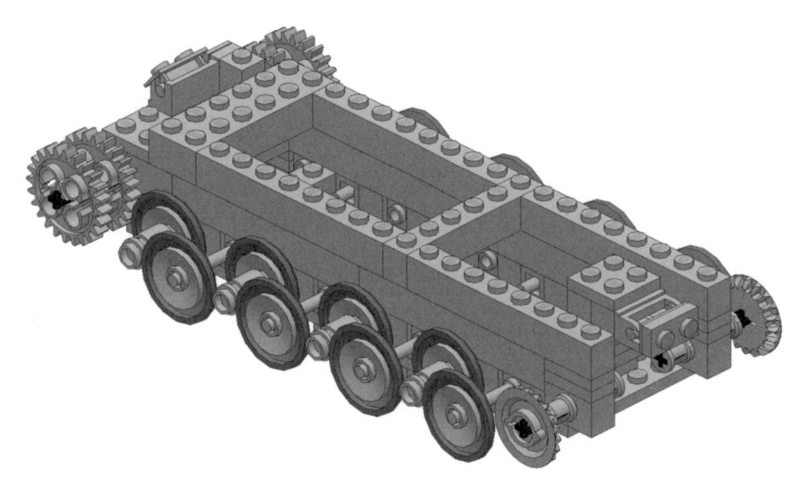

30

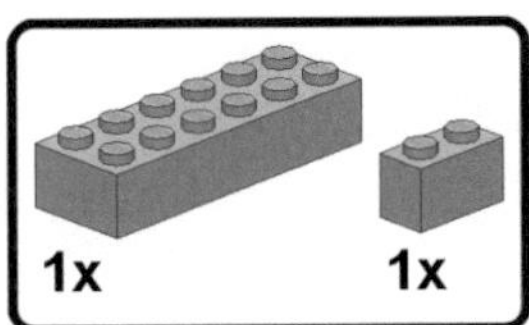

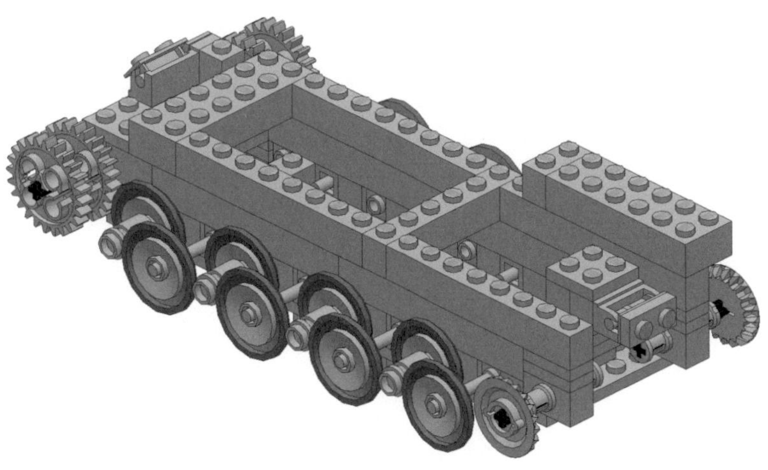

31
1x
1x

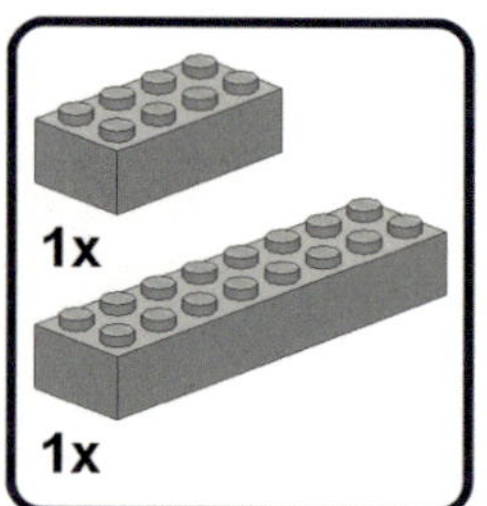

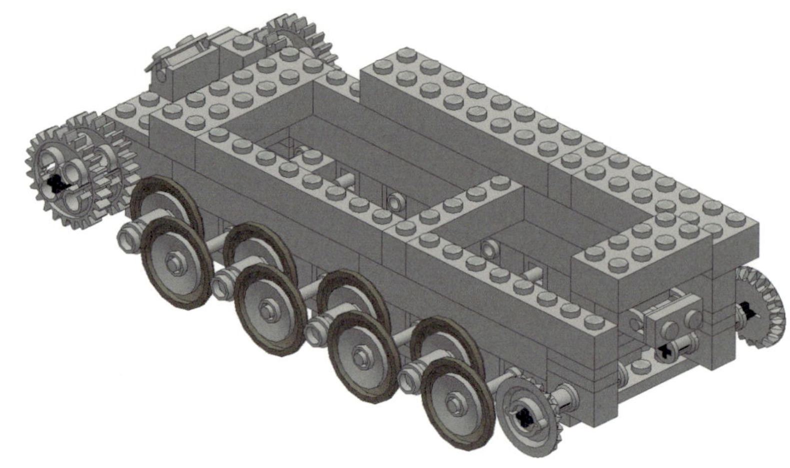

32
1x
1x
1x

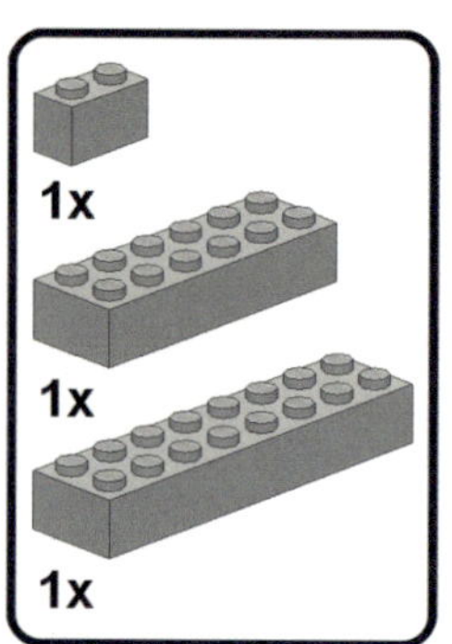

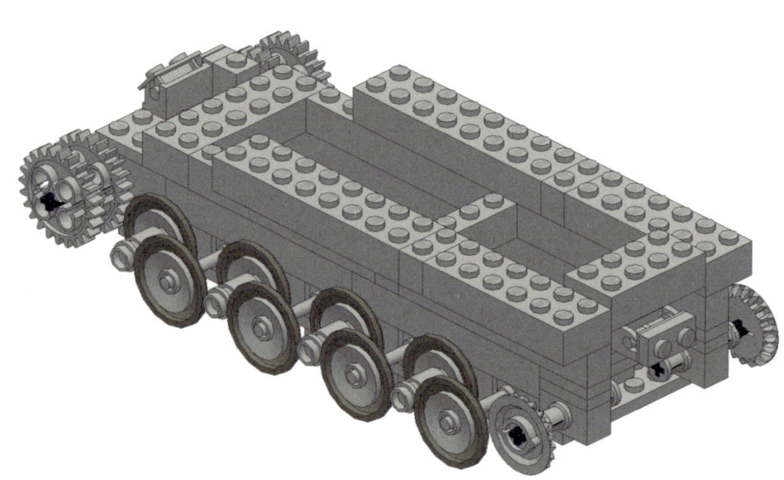

33
1x   1x   1x   1x

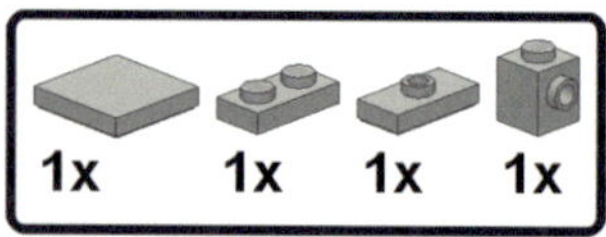

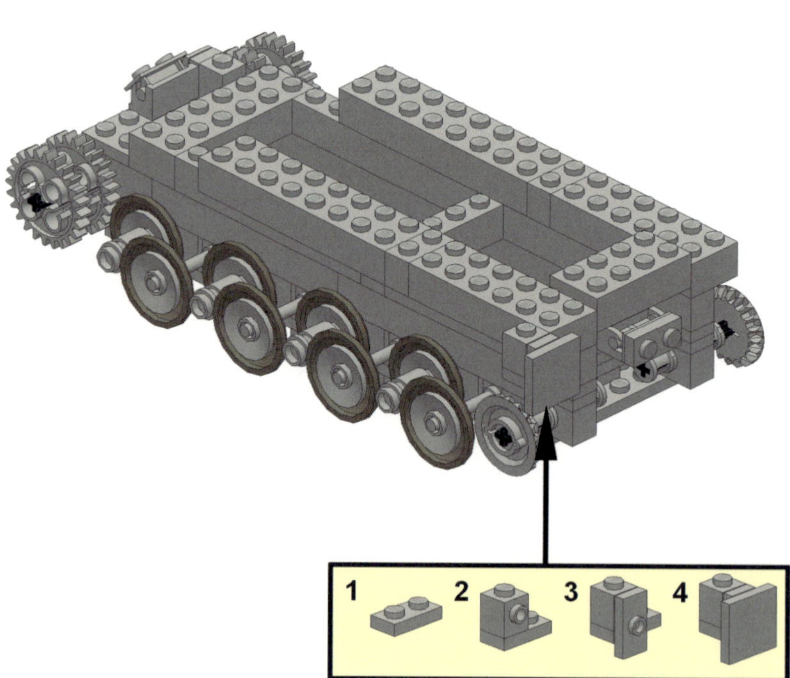
1   2   3   4

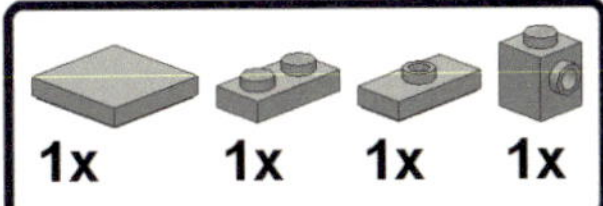

34

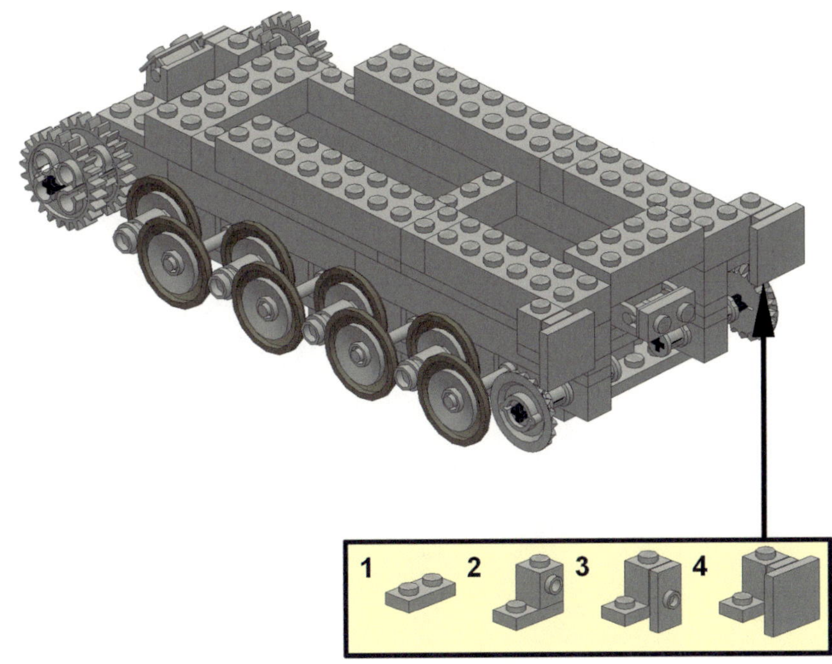

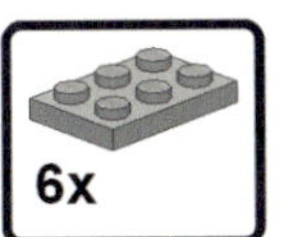

35

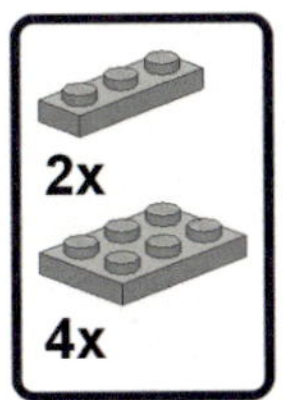

36

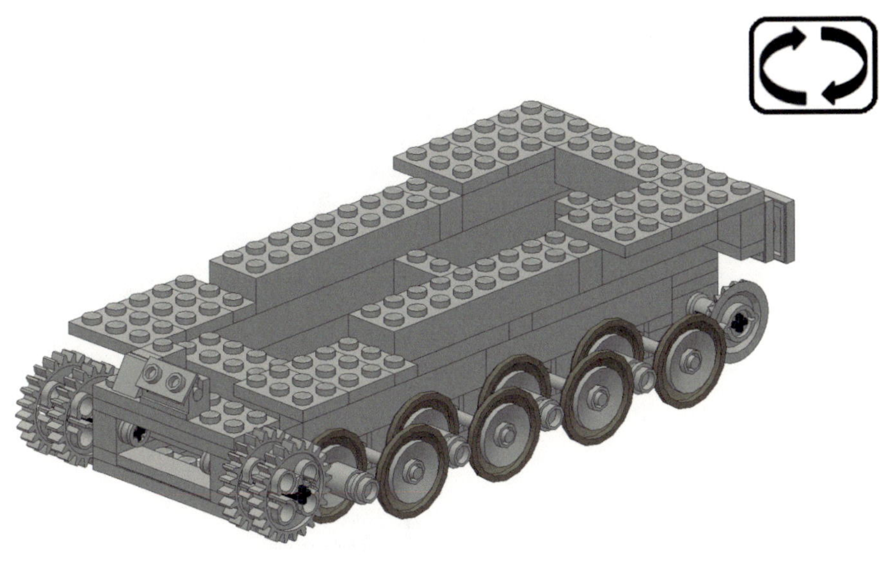

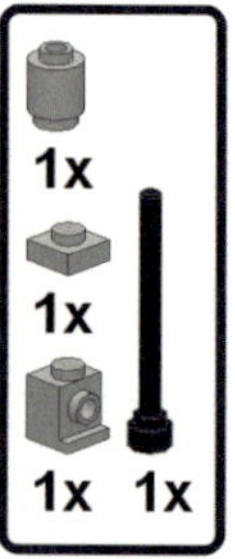

37

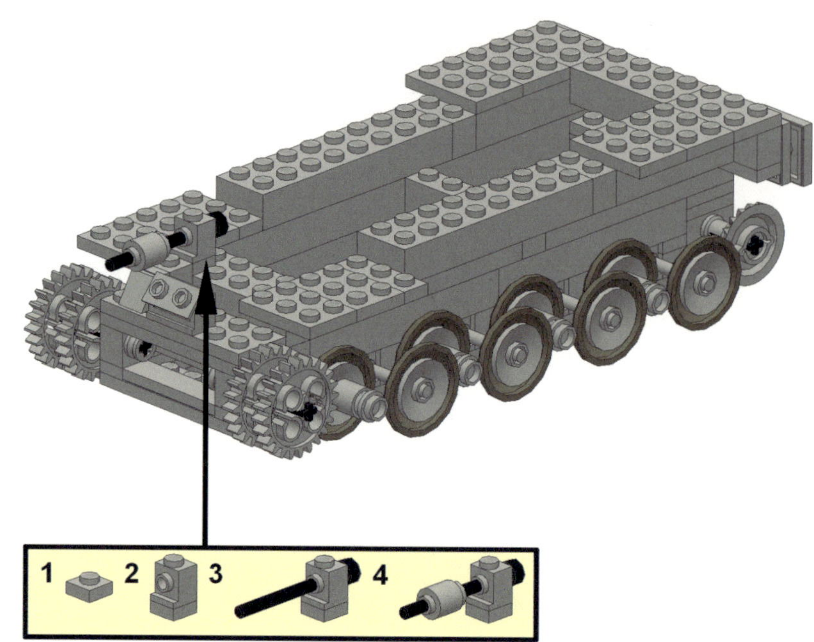

38

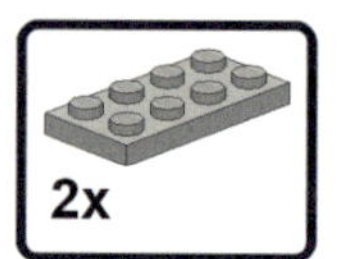

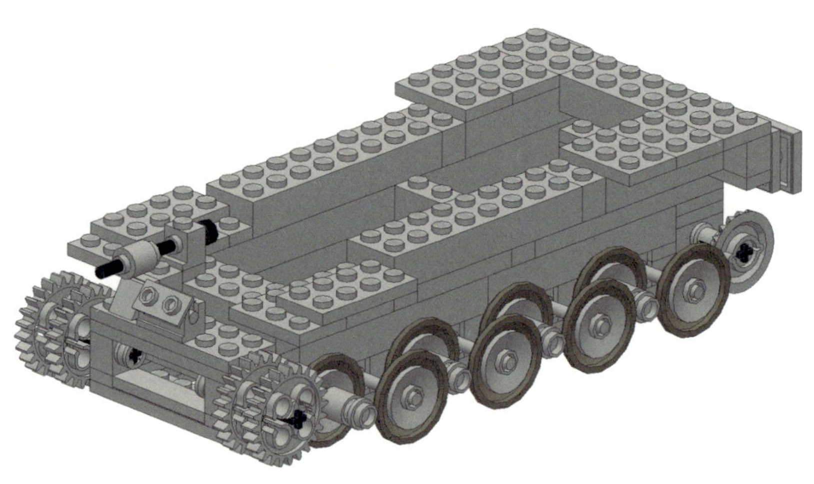

39

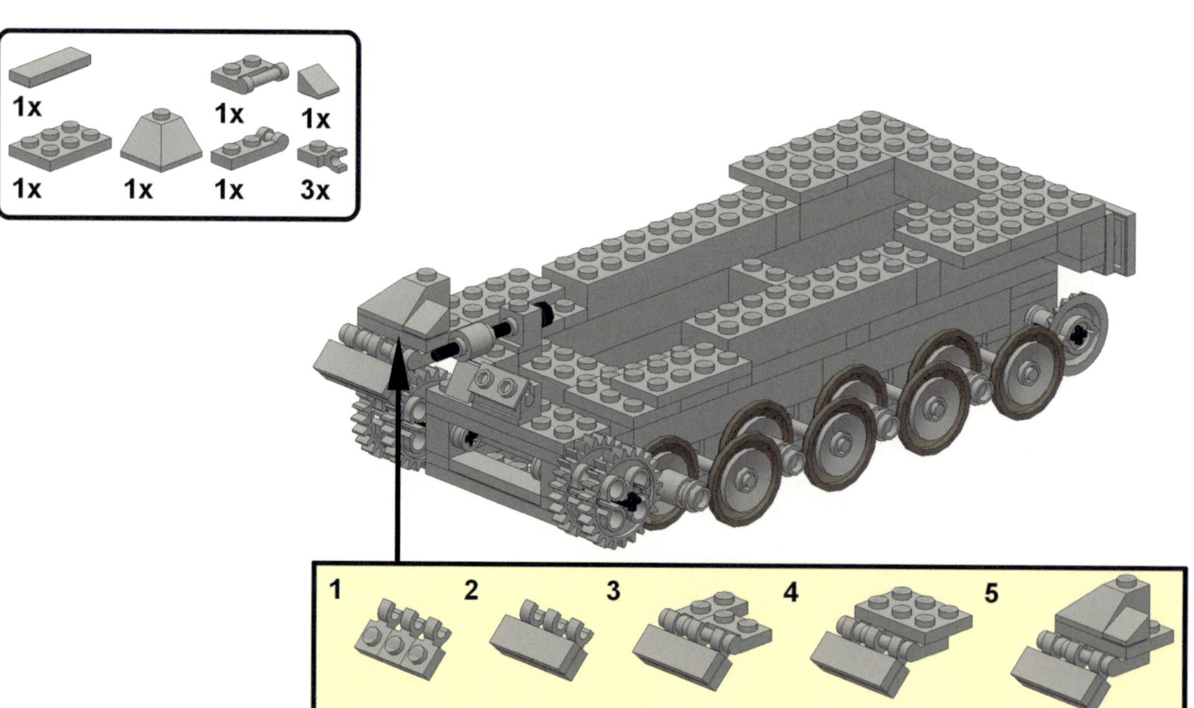

40

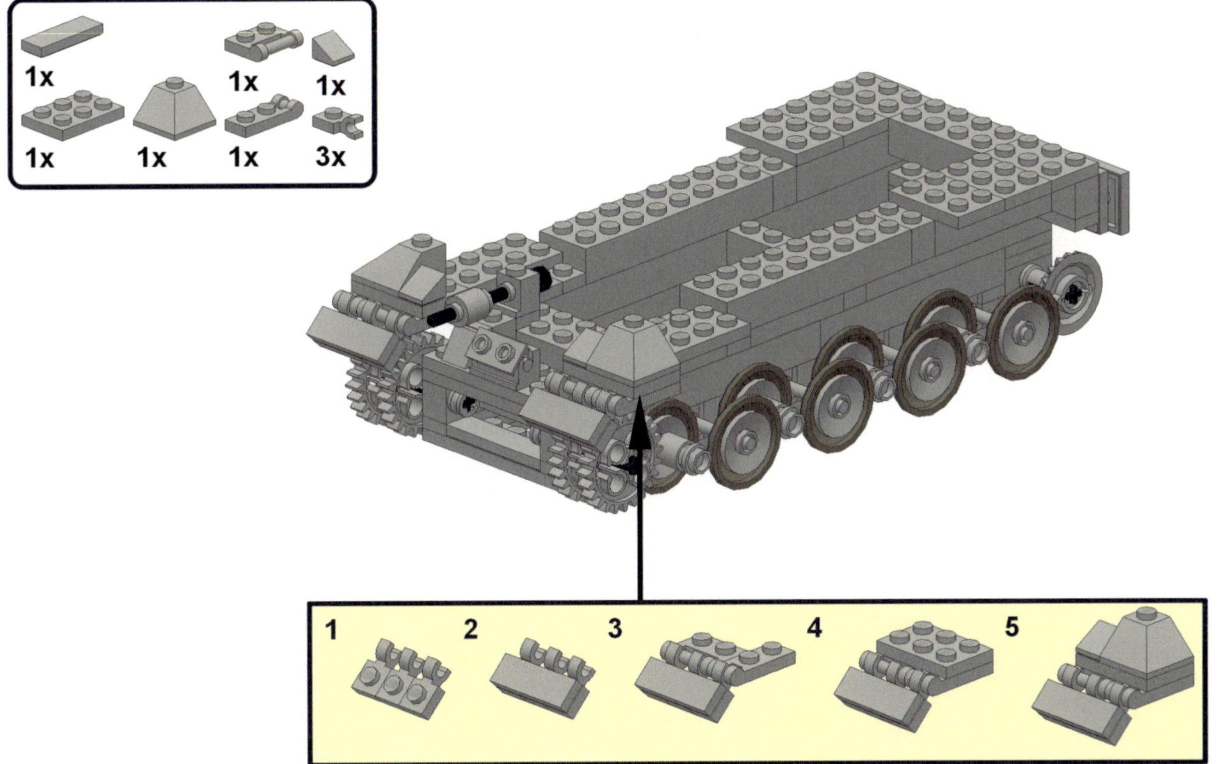

41

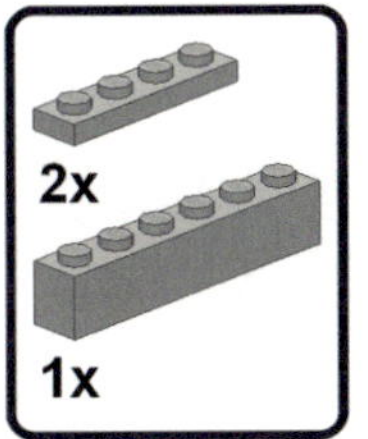

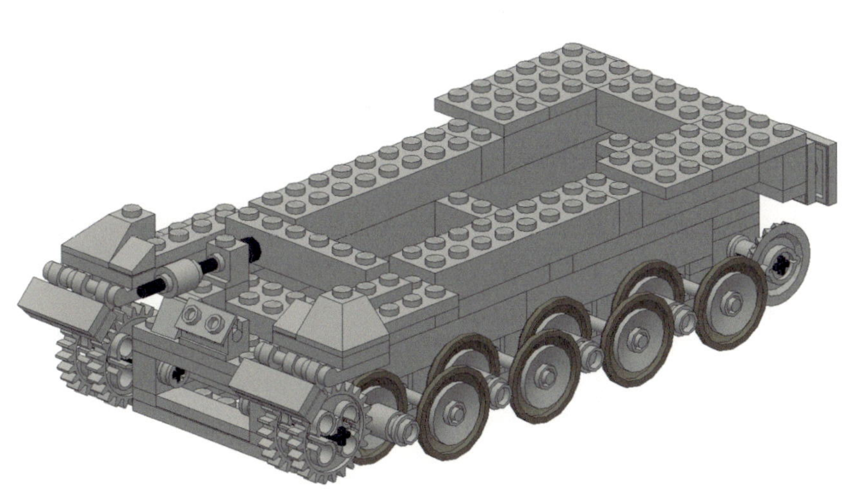

42

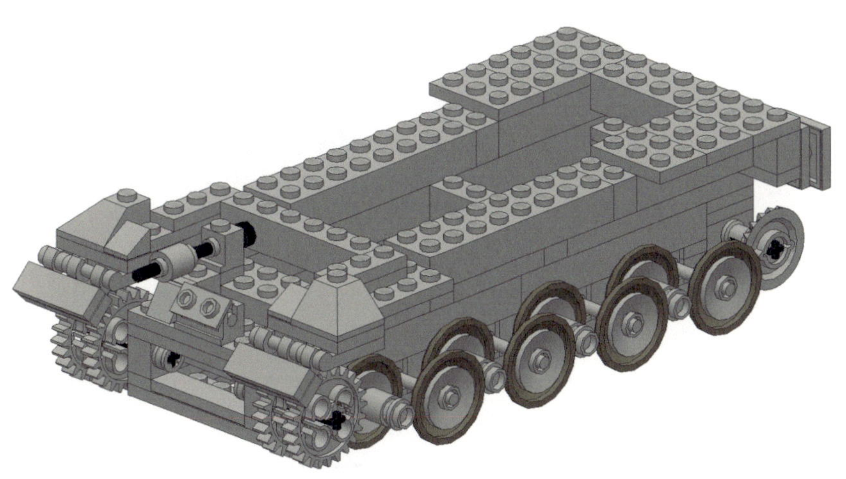

43

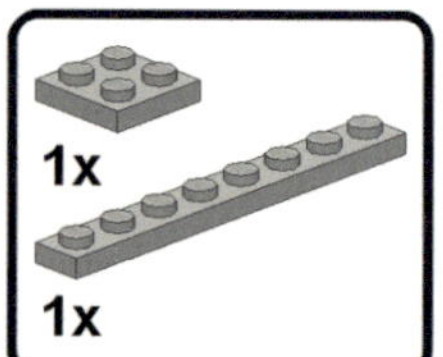

1x
1x

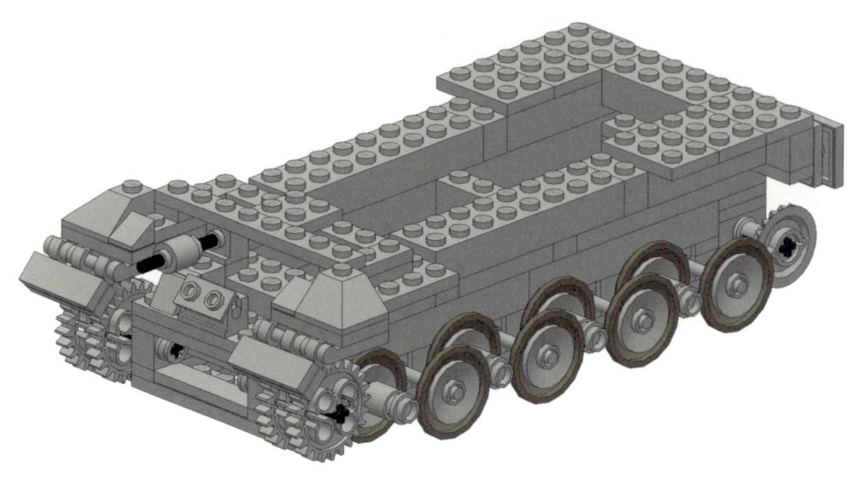

44

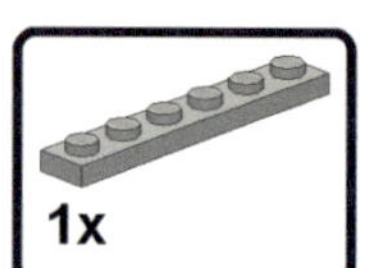

1x

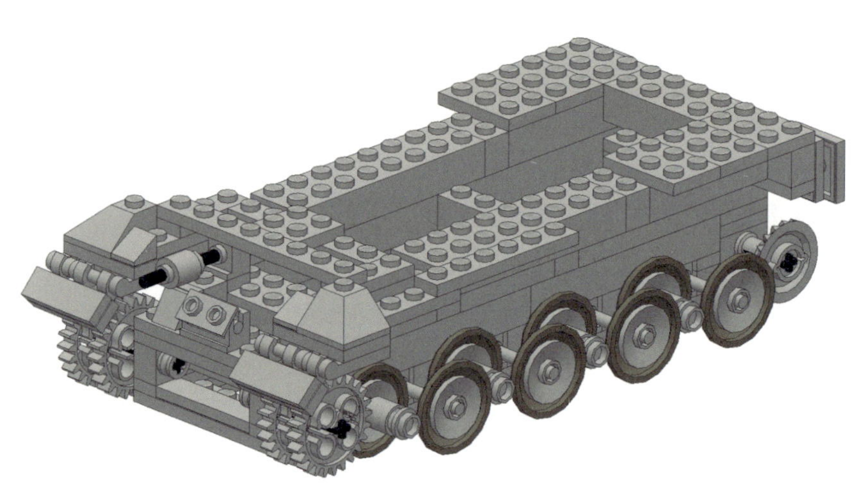

45

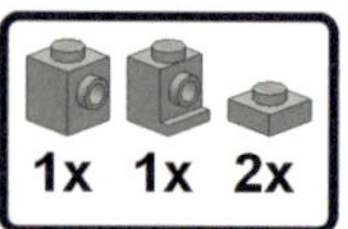

1x 1x 2x

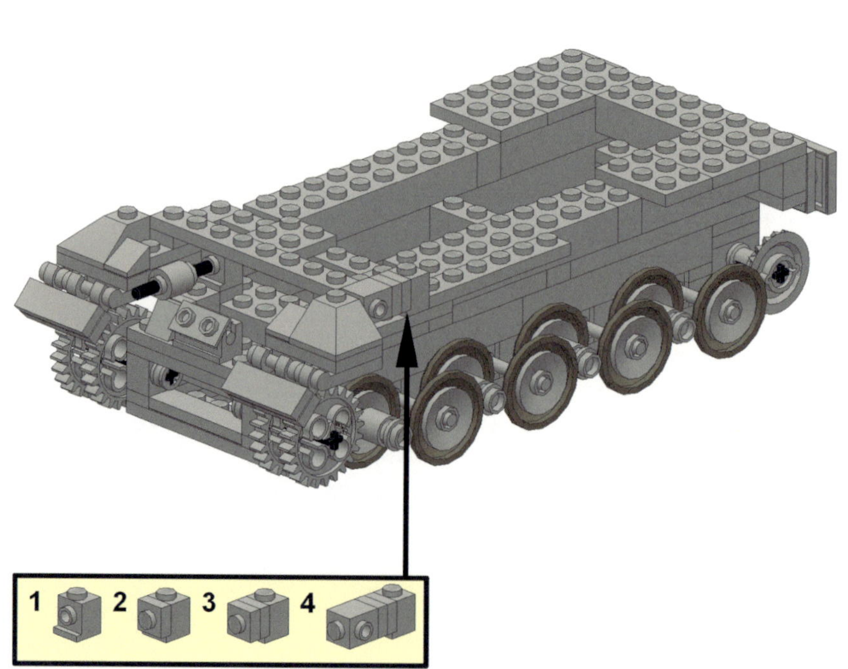

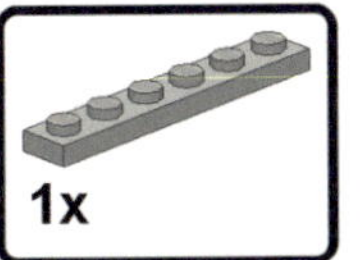

46

47

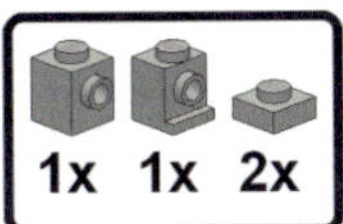

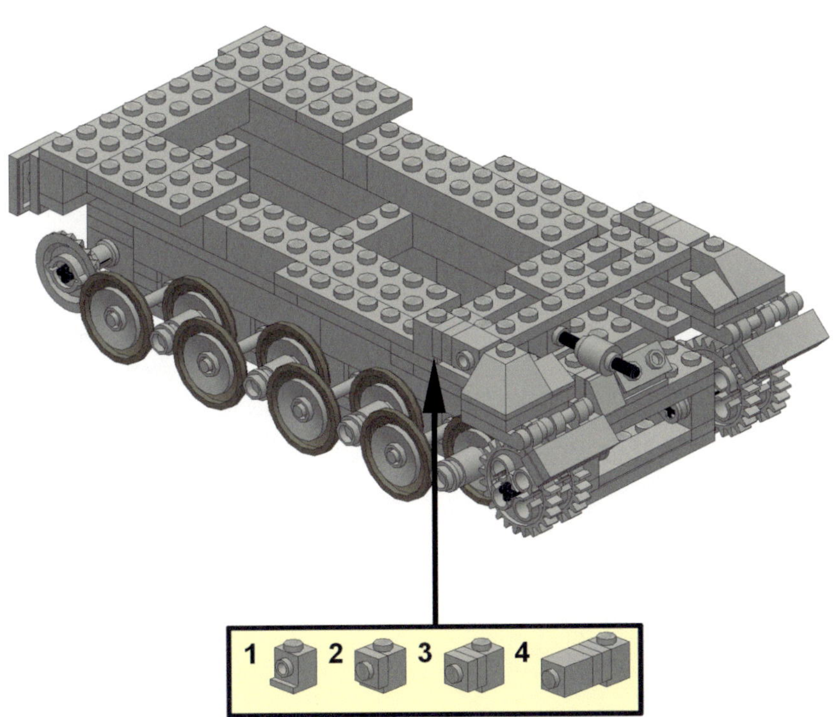

48

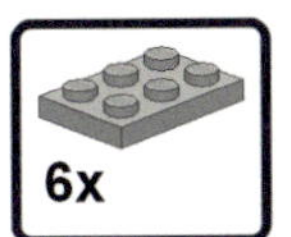

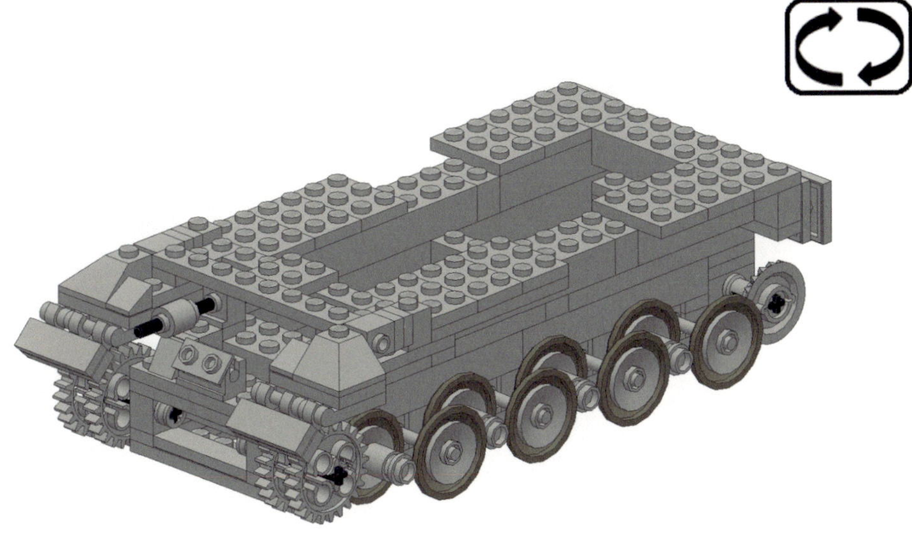

49

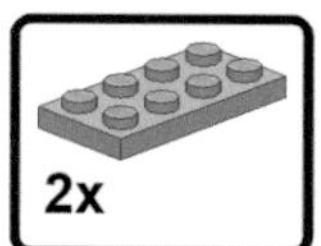

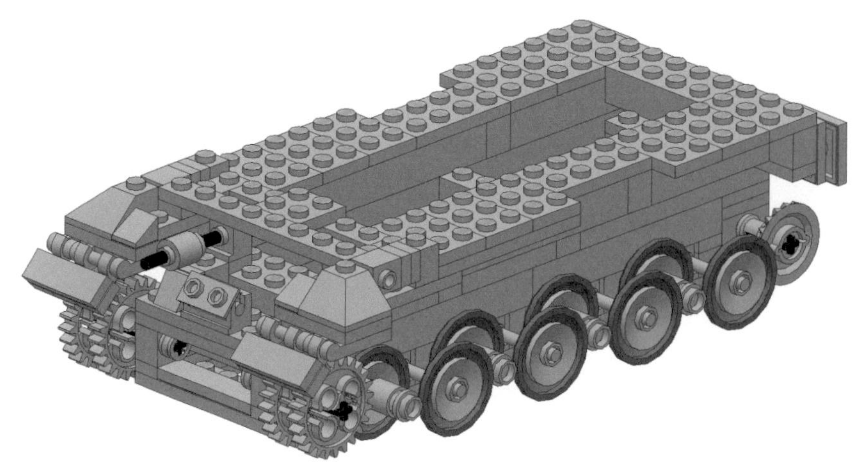

50

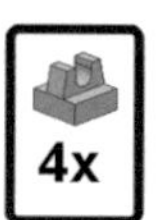

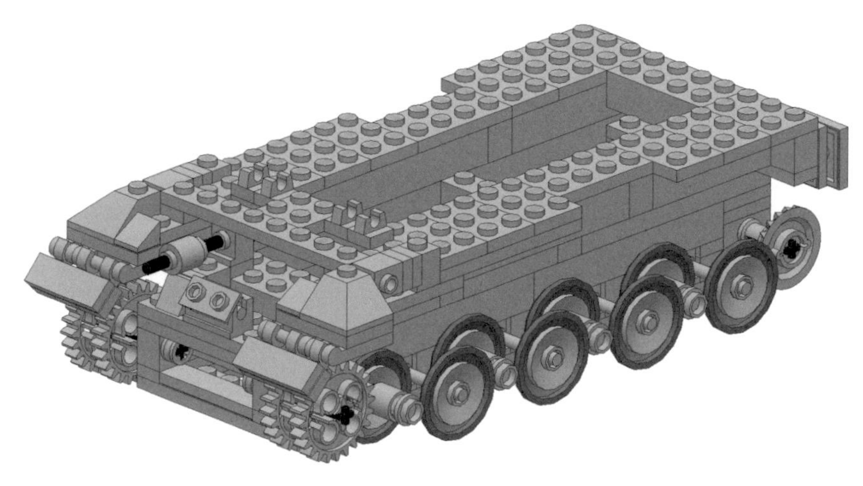

51

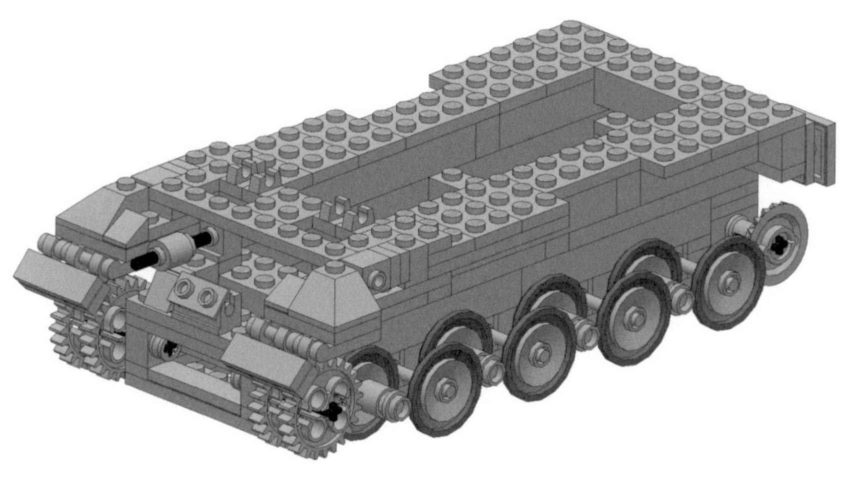

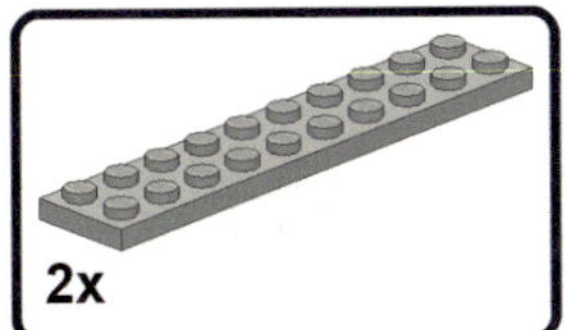
2x

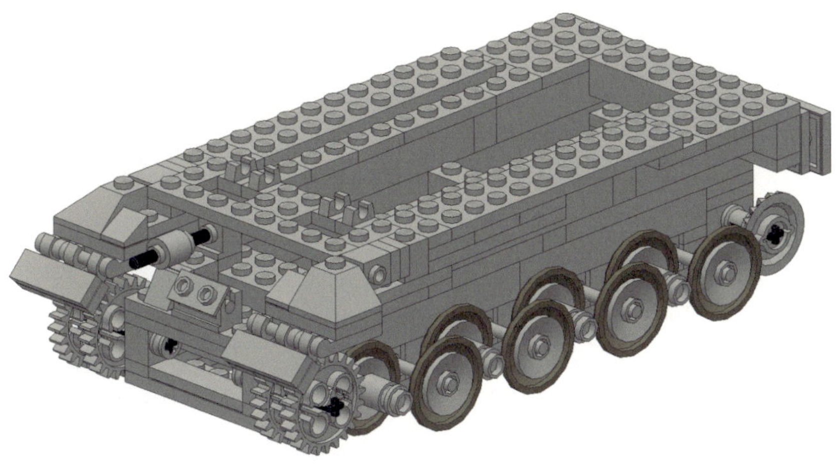

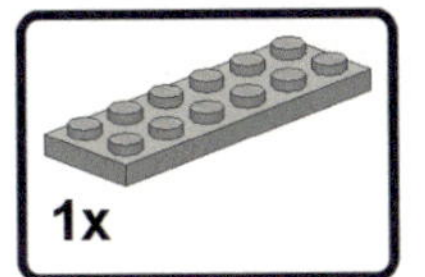
1x

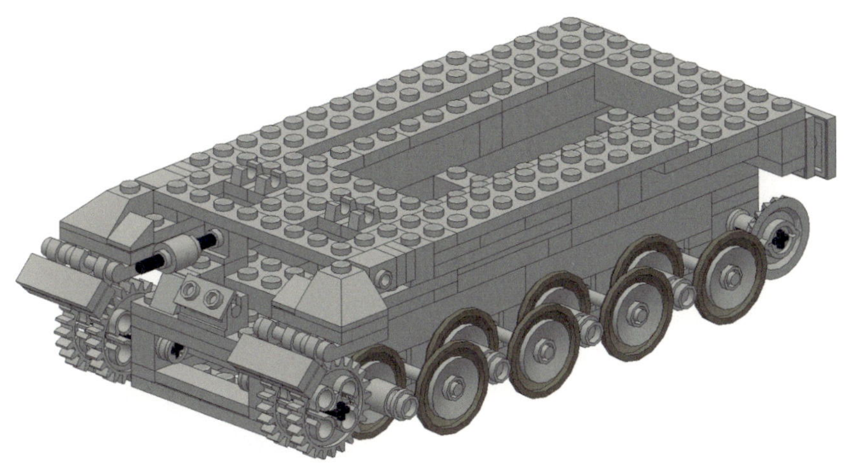

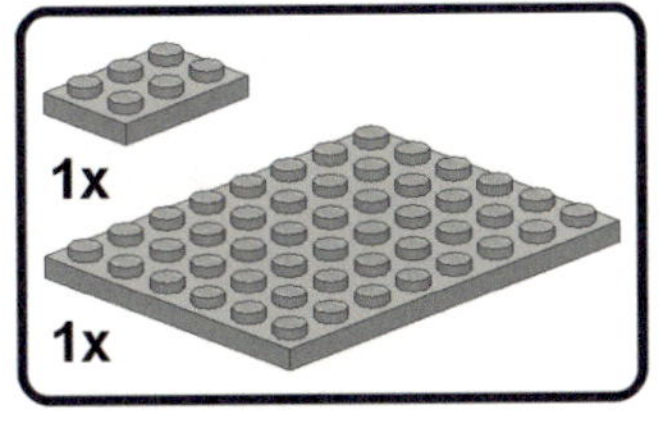
1x
1x

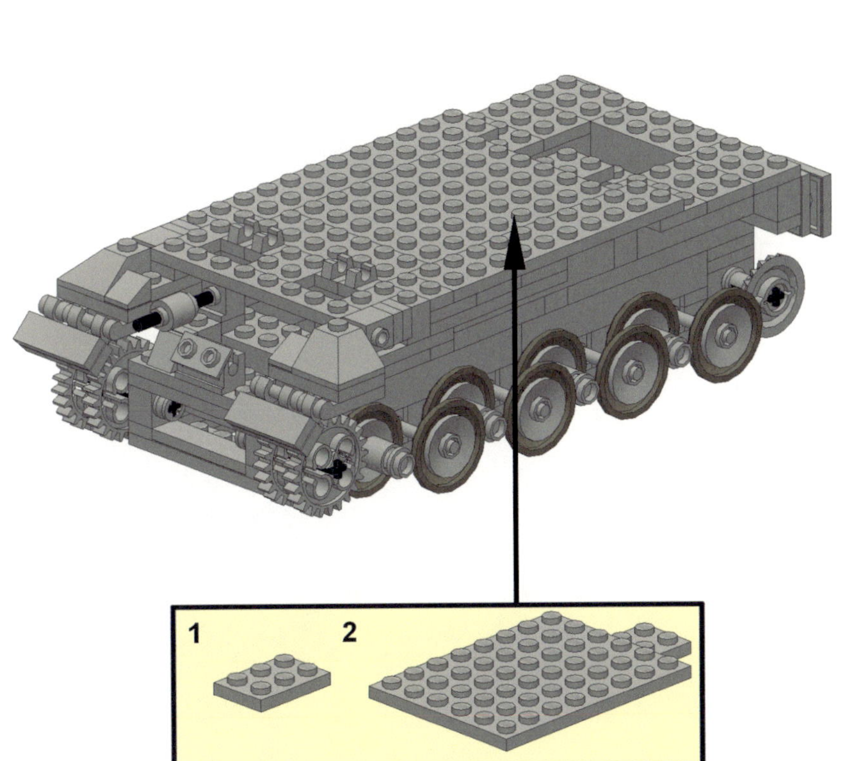

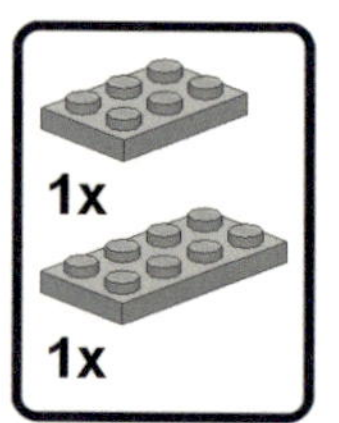

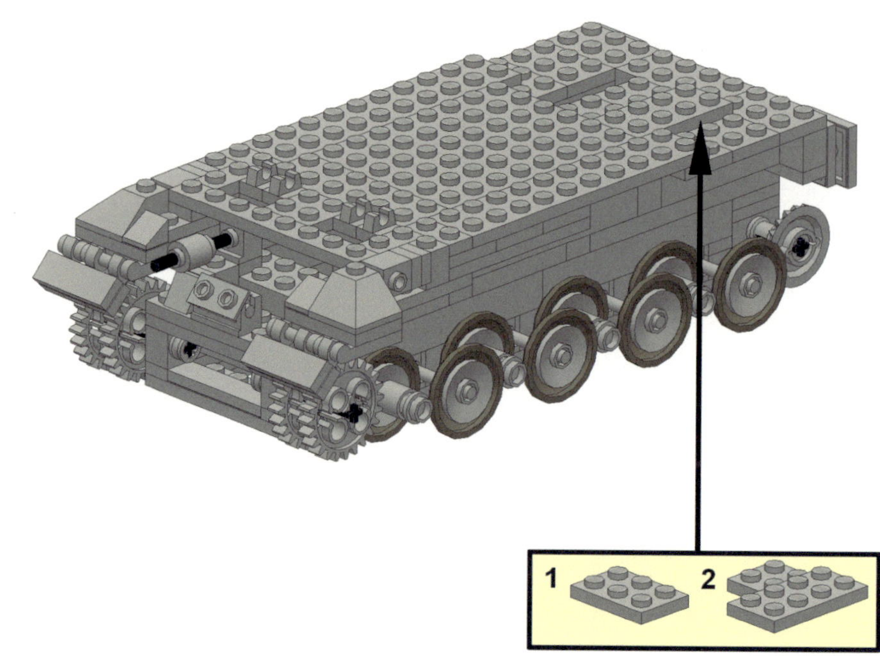

56

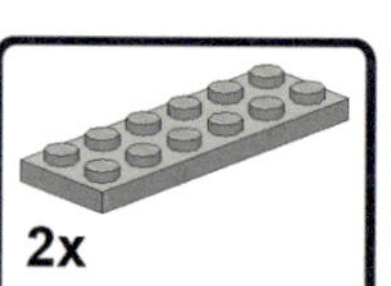

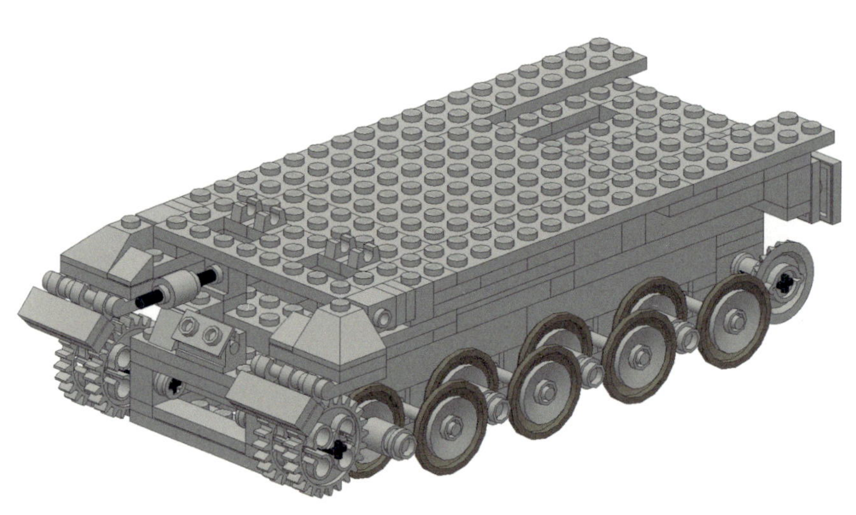

57

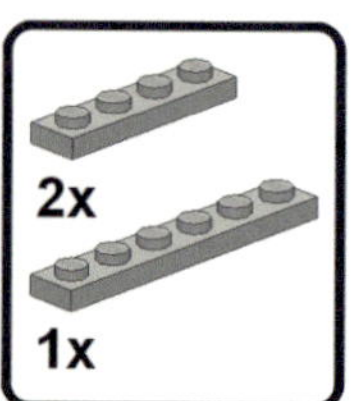

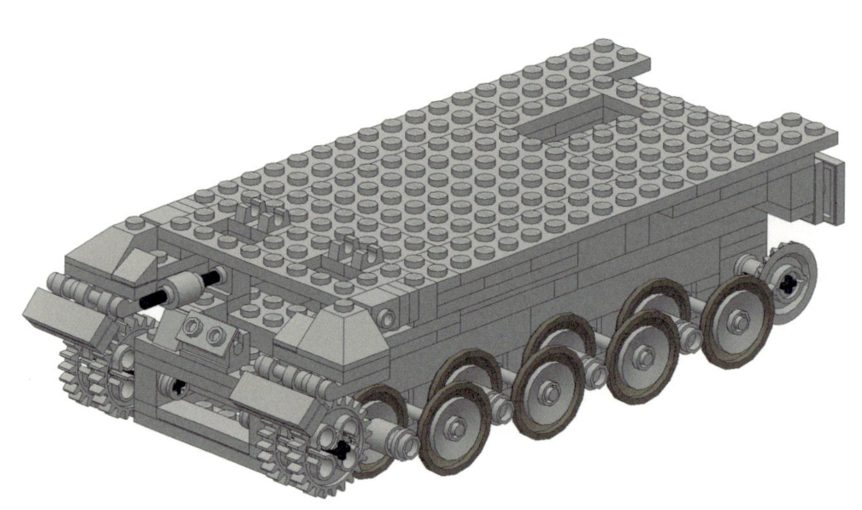

58

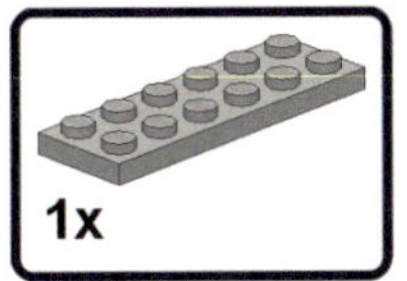

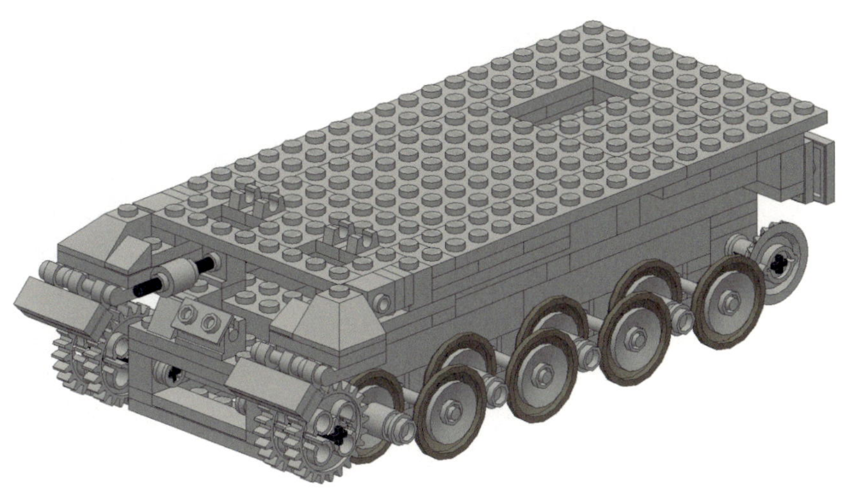

59

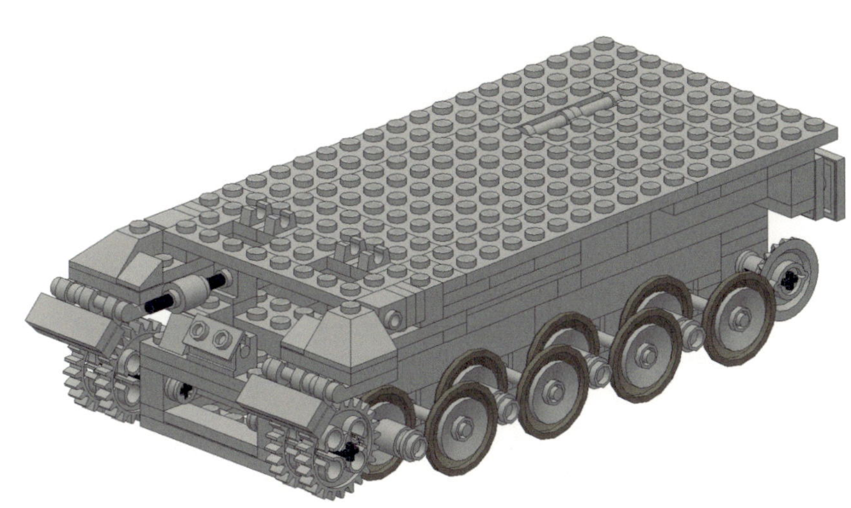

60

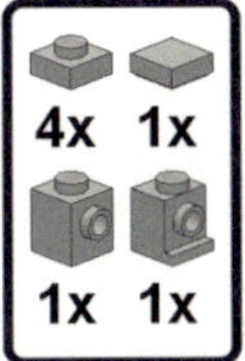

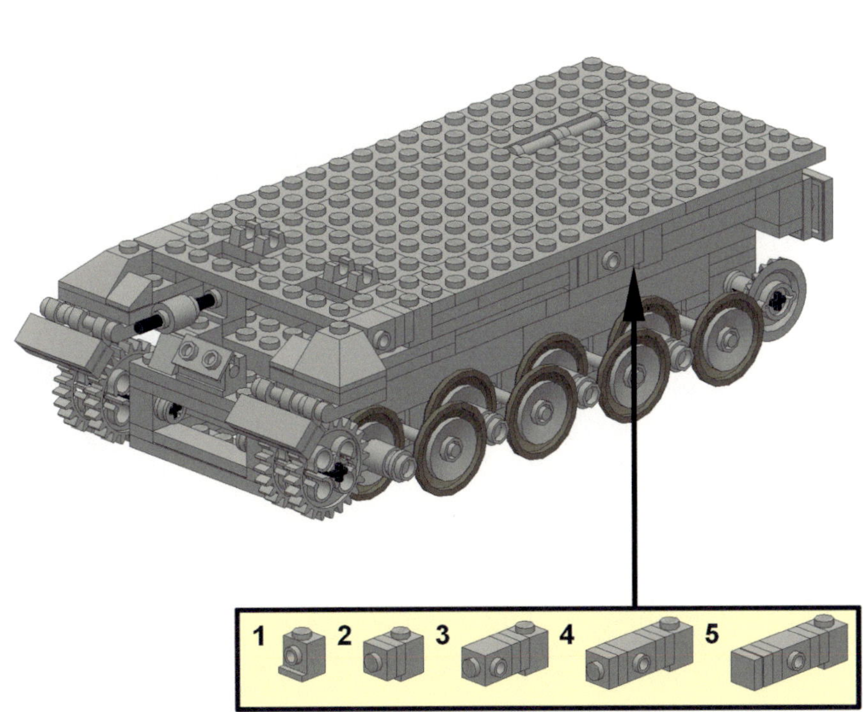

61

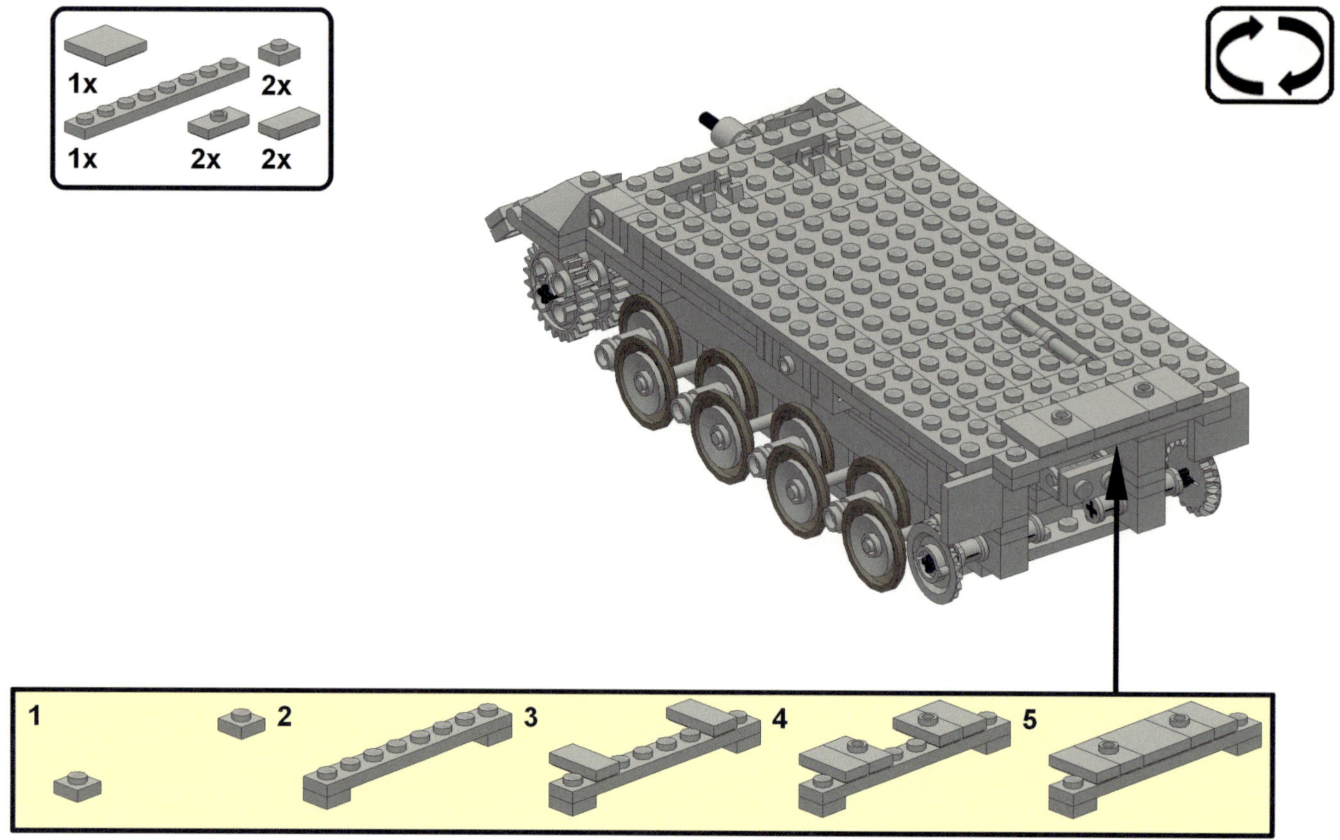

62

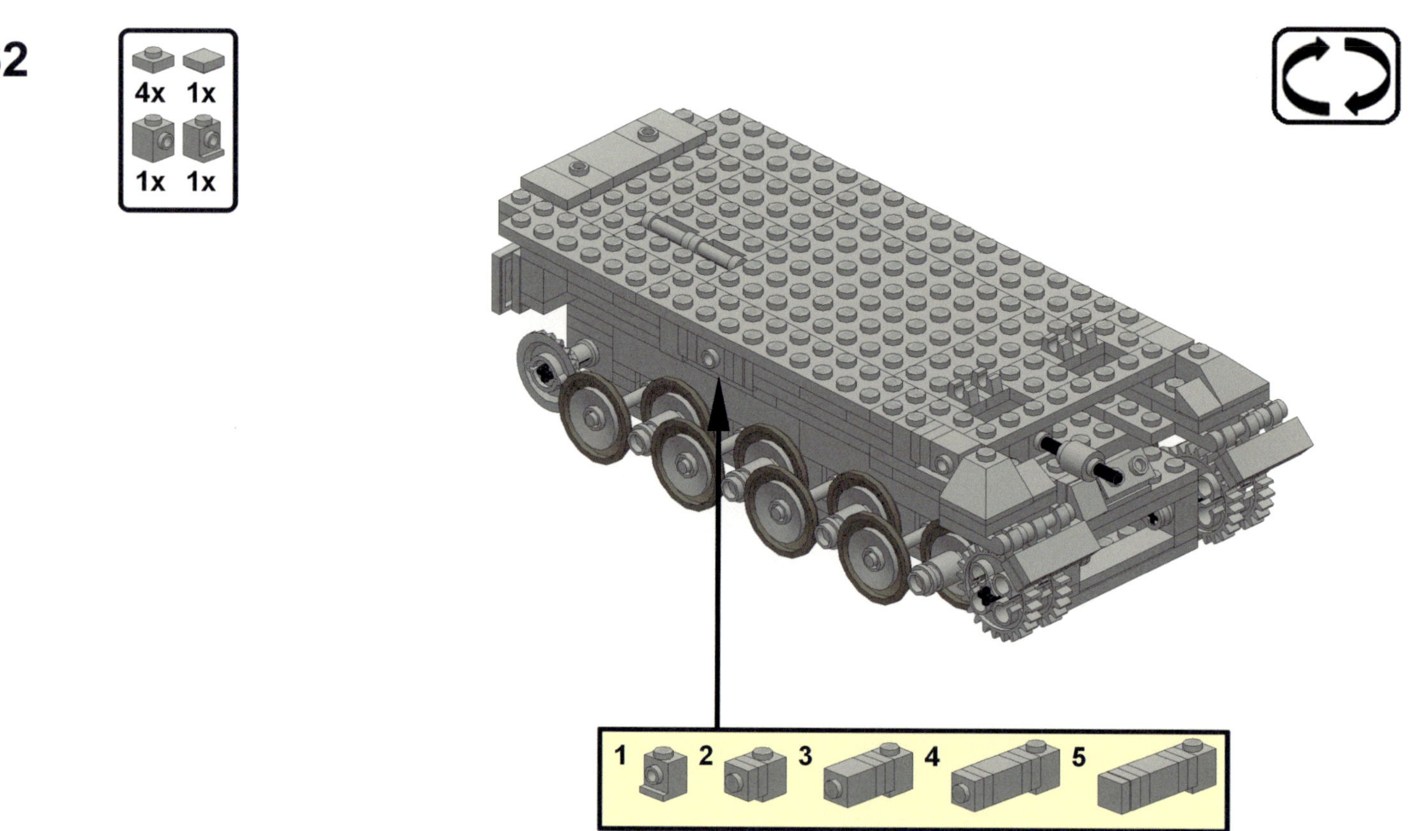

63

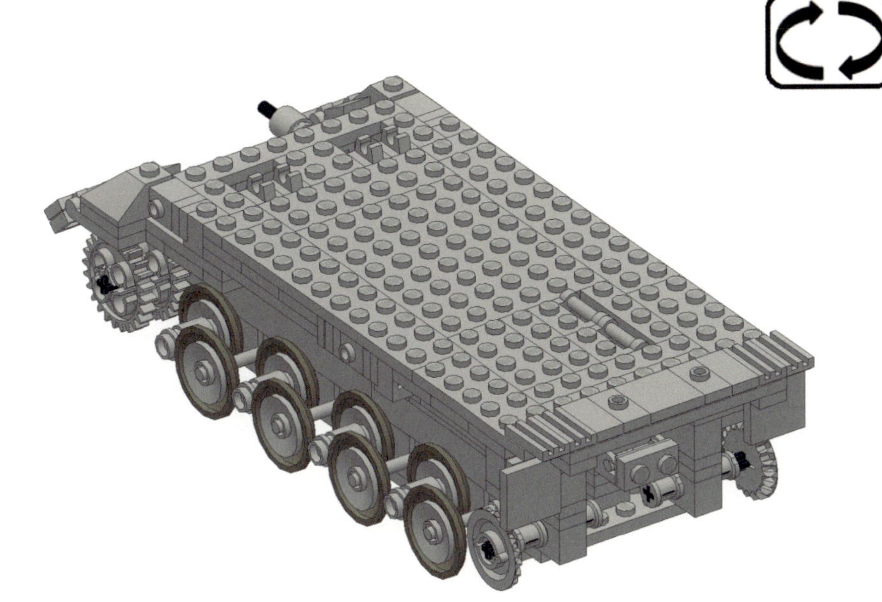

64

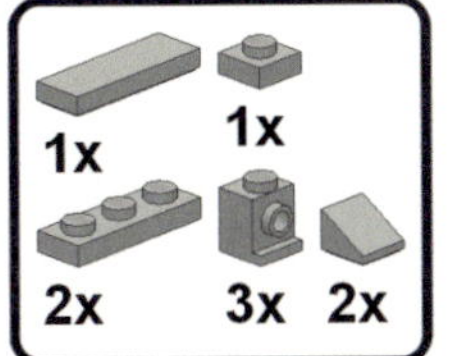

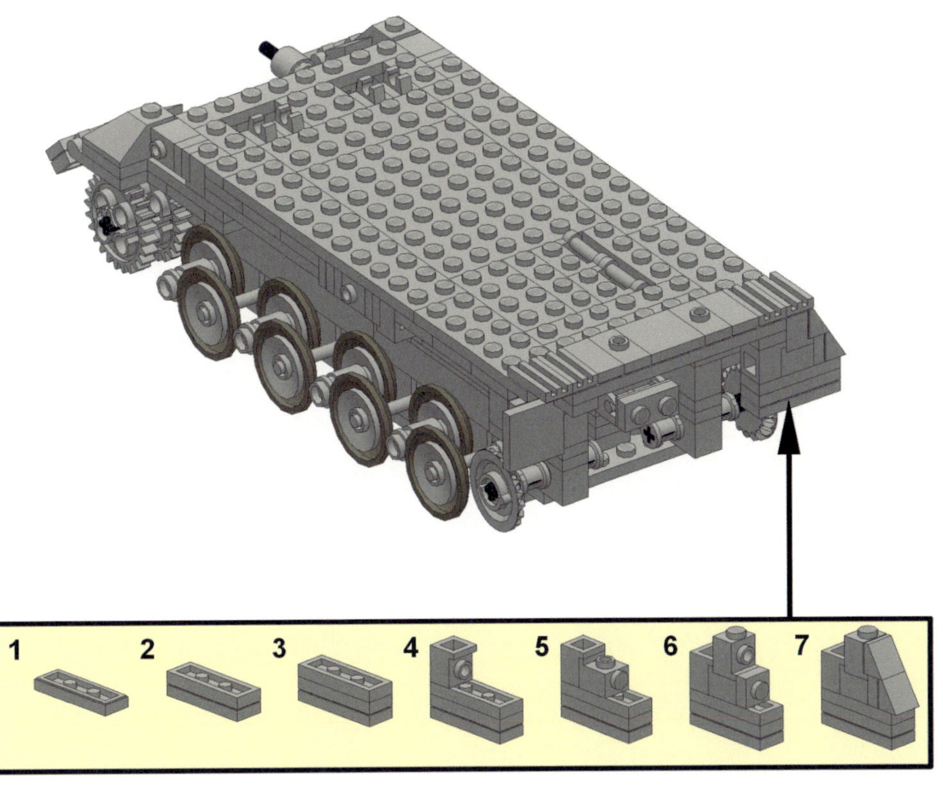

65

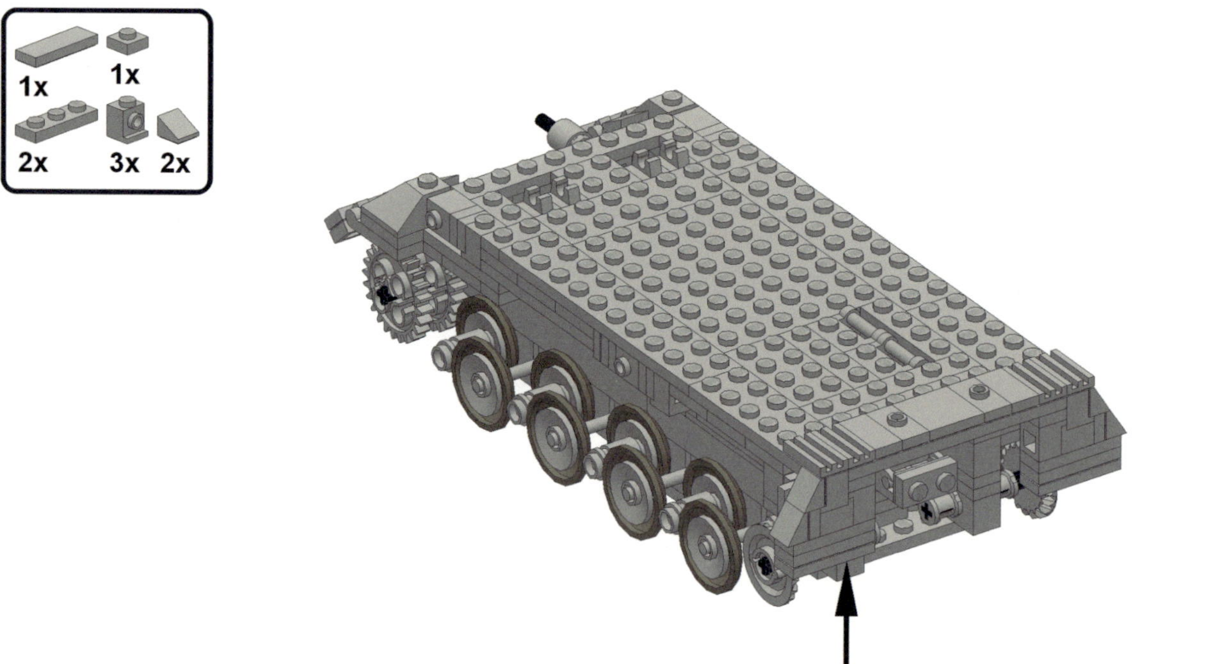

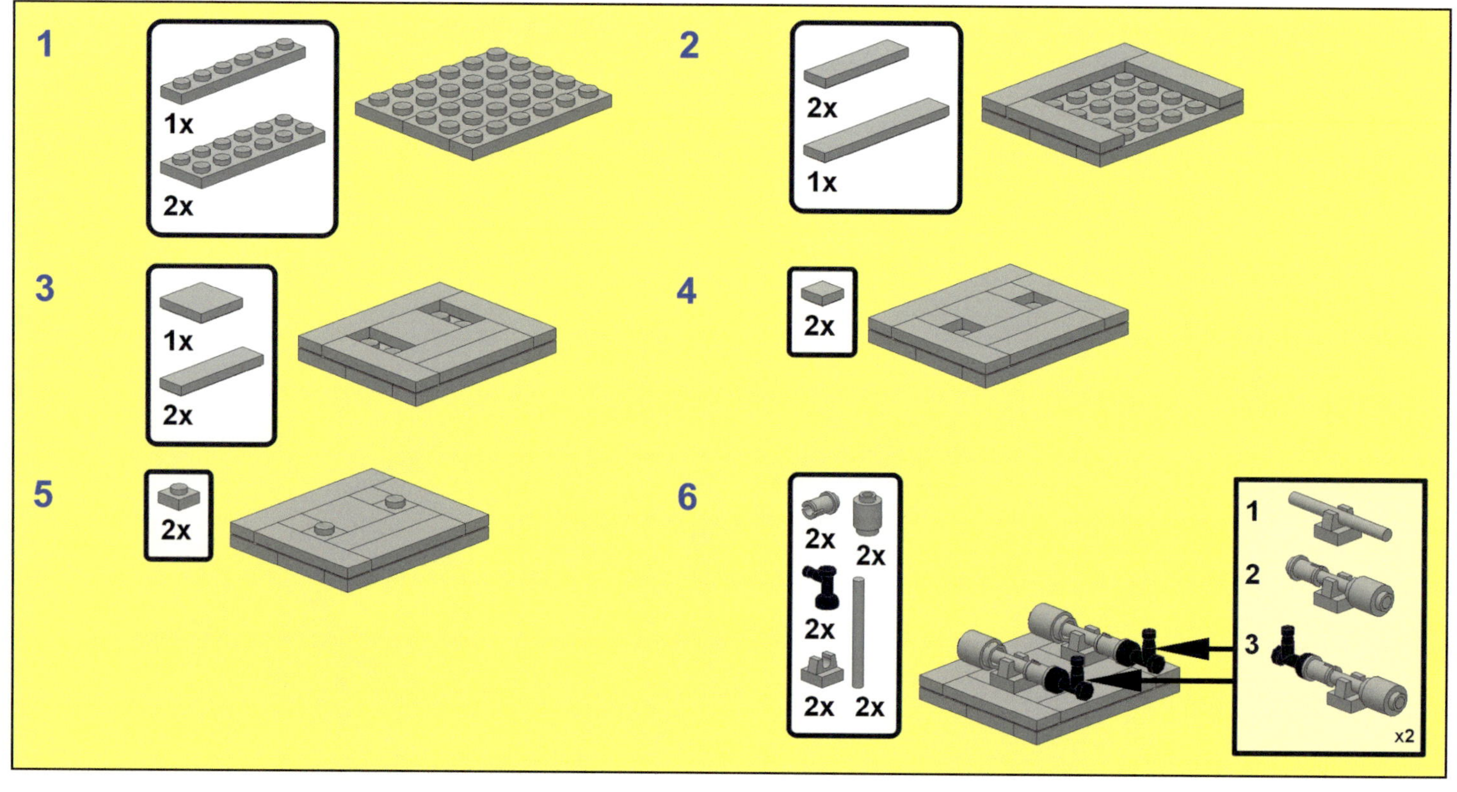

66

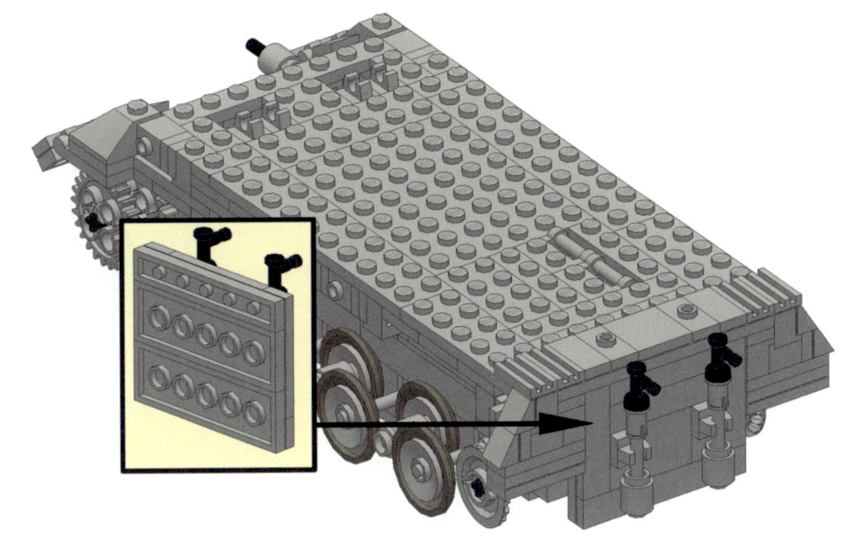

67

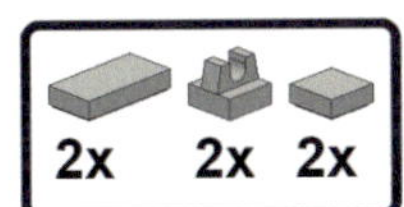

2x 2x 2x

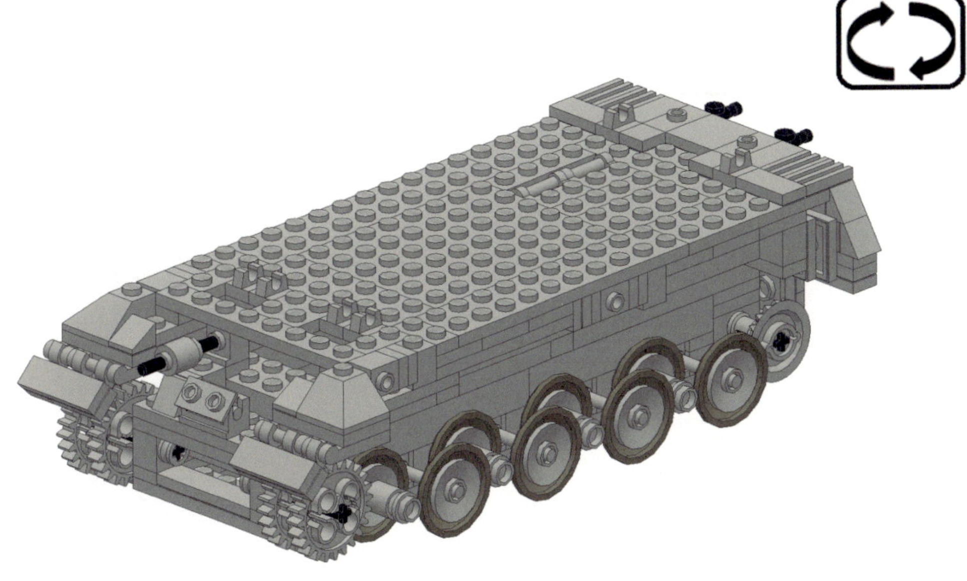

68

3x

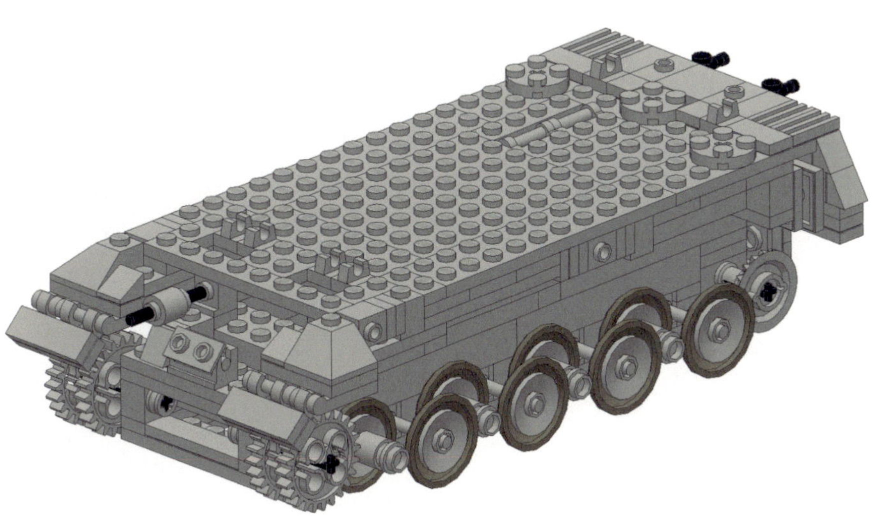

69

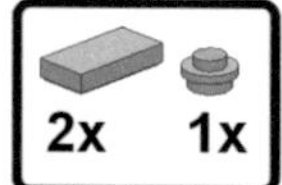

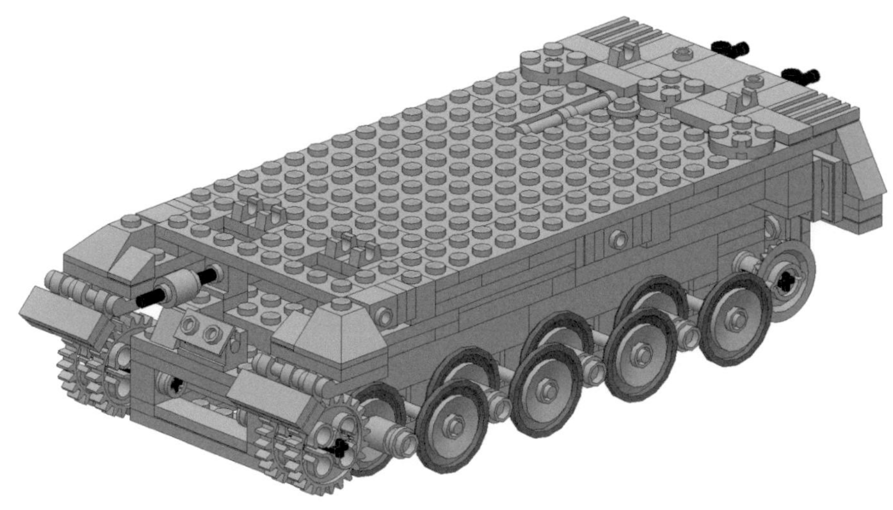

70

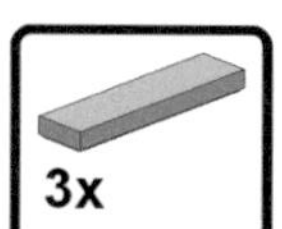

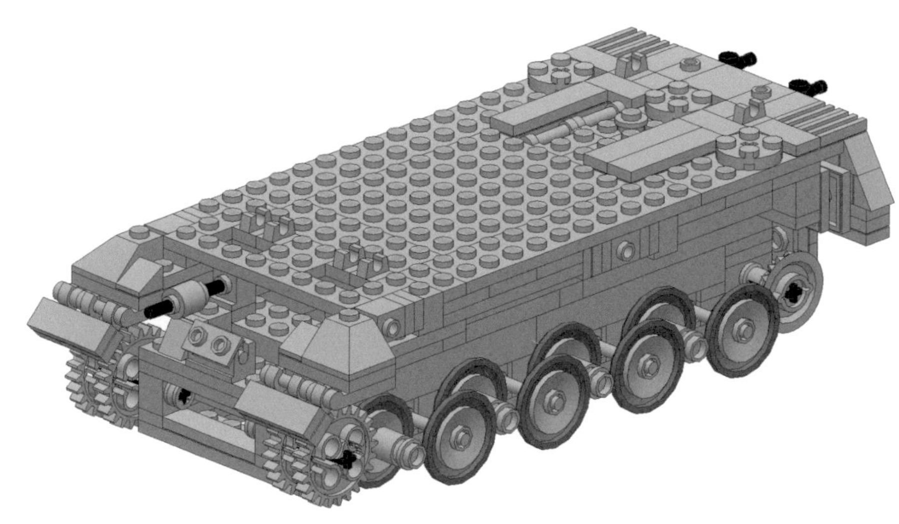

71

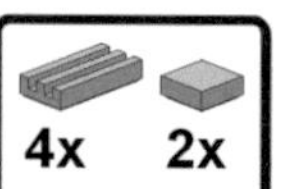

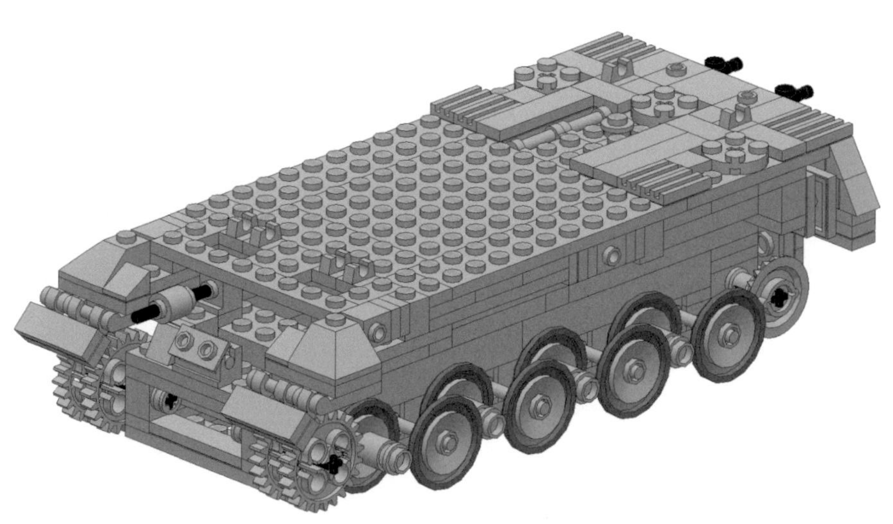

72 6x

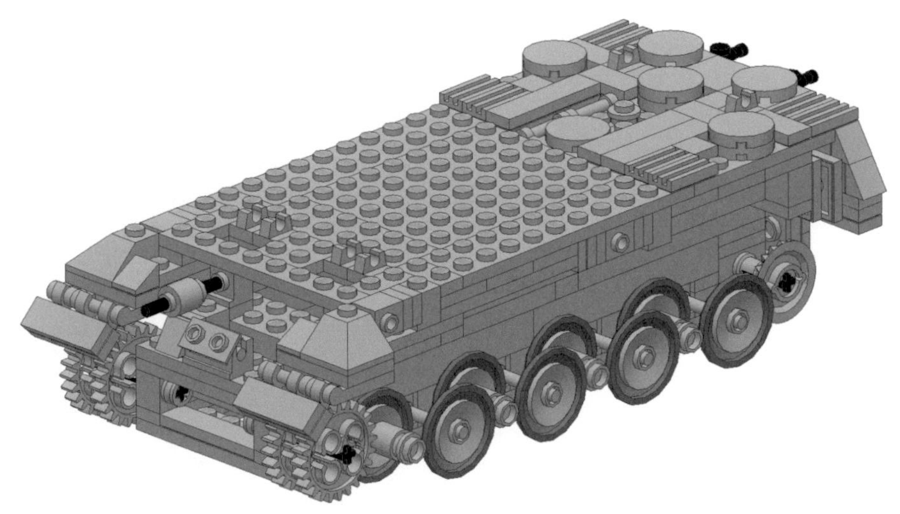

73 1x 1x

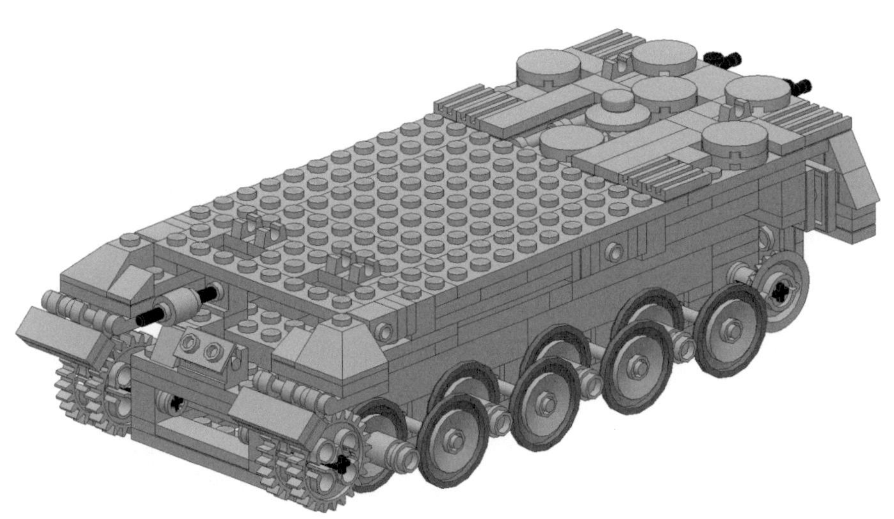

74 10x

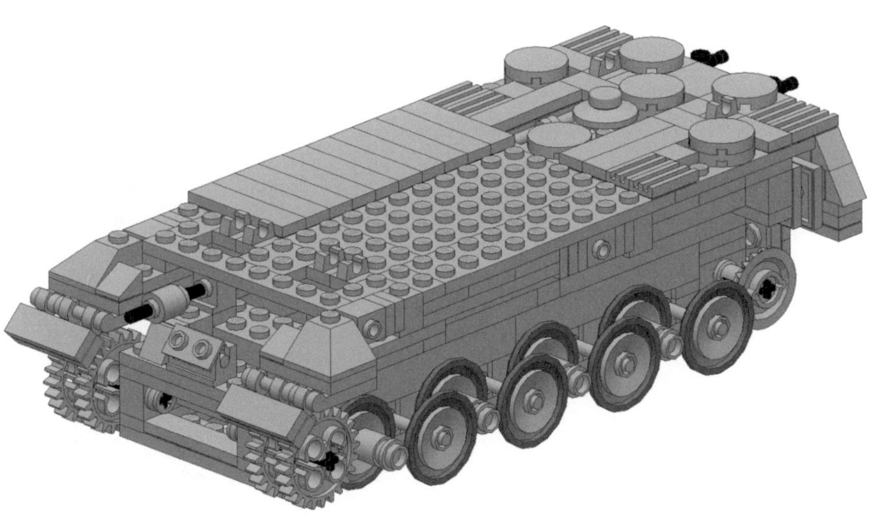

75
10x

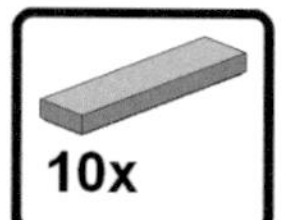
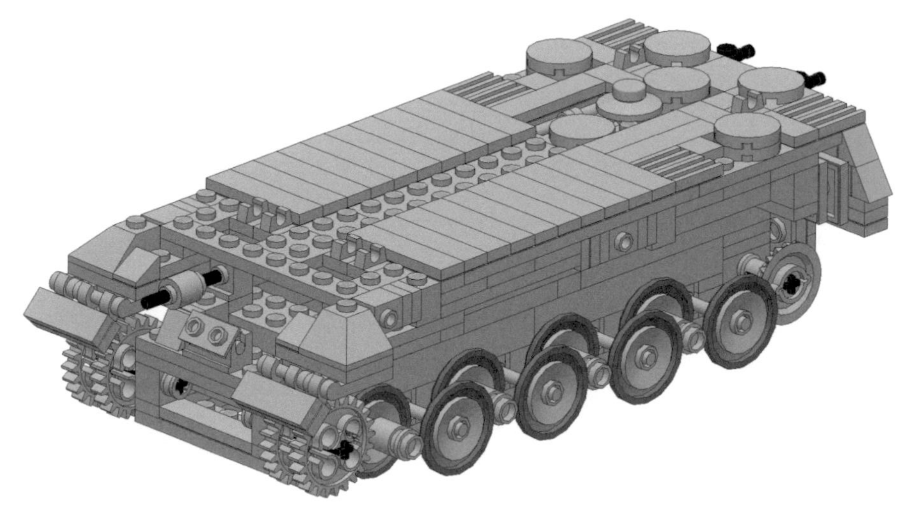

76
2x

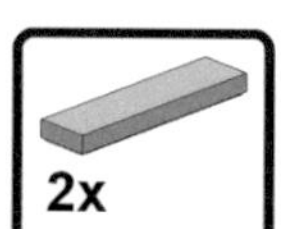
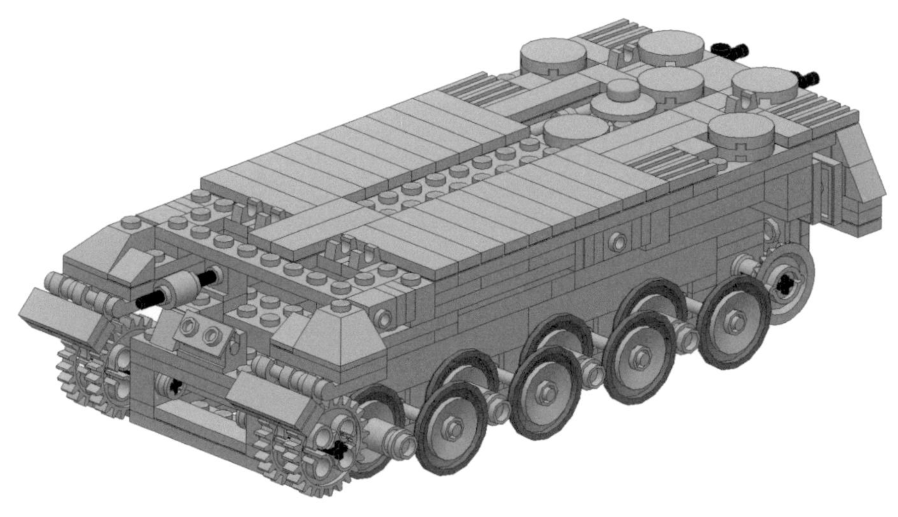

77
2x

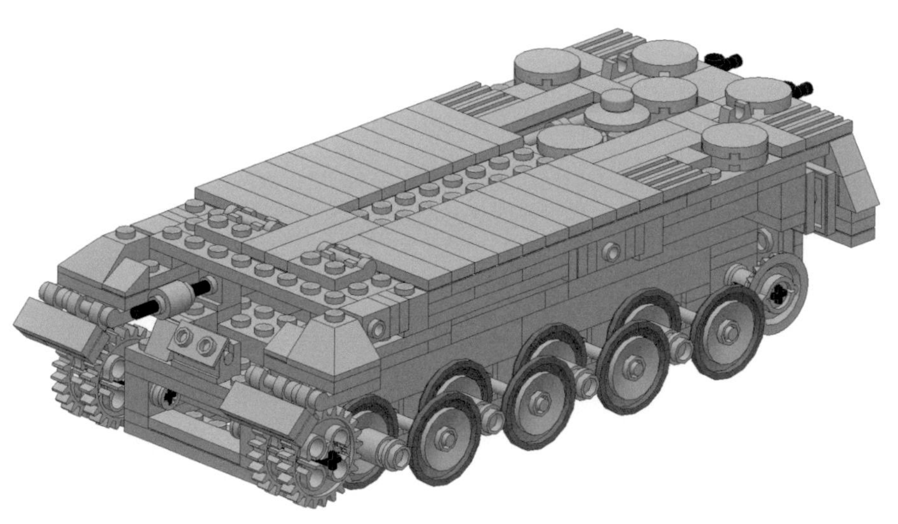

78

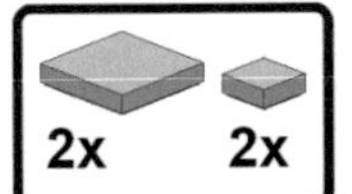

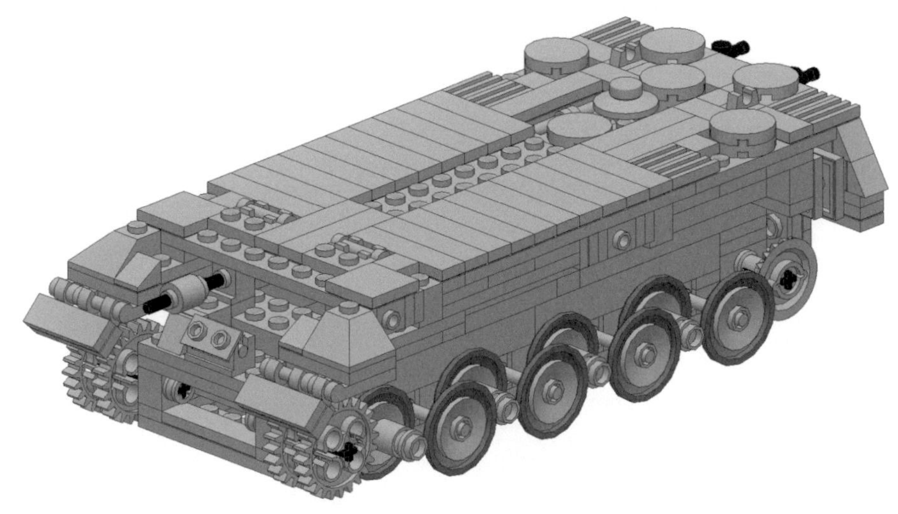

79

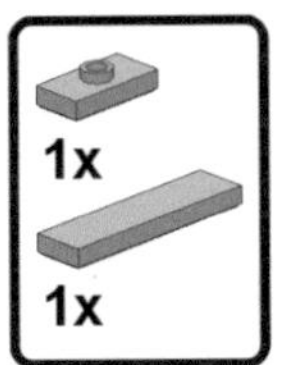

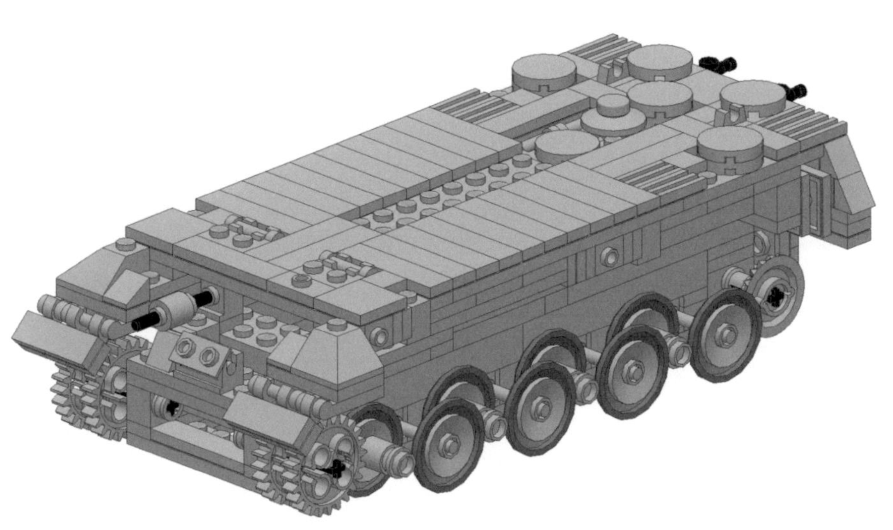

80

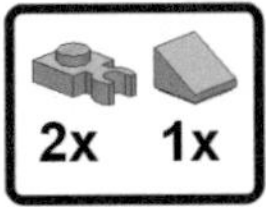

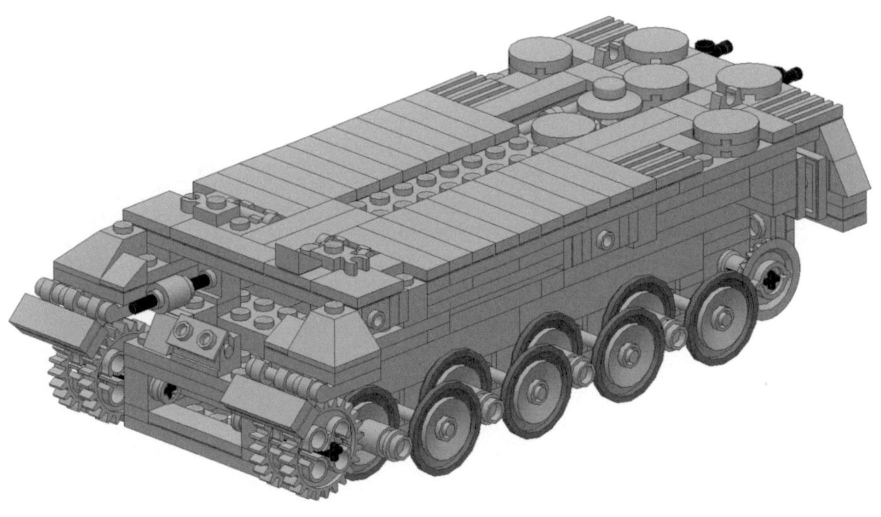

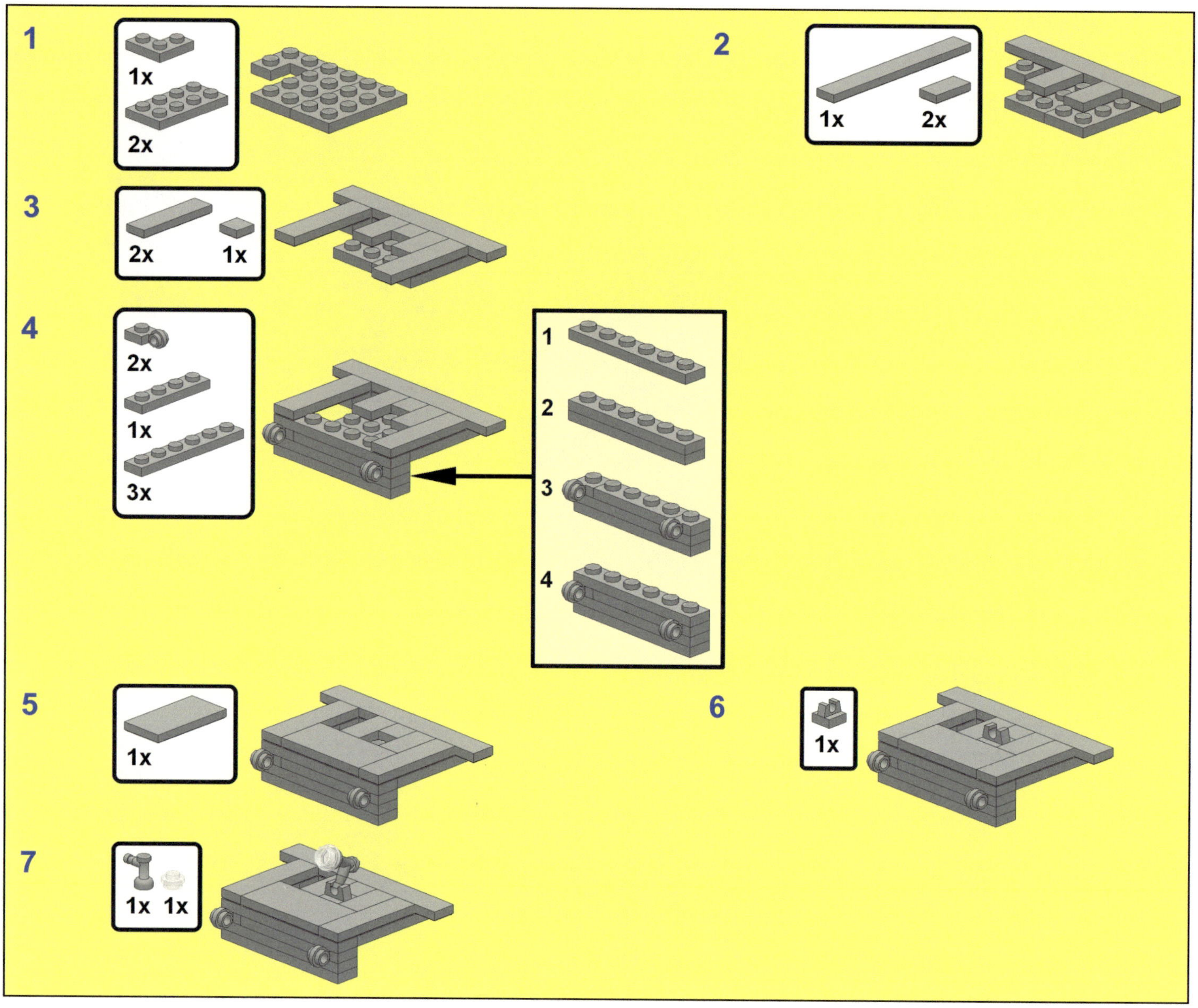

81

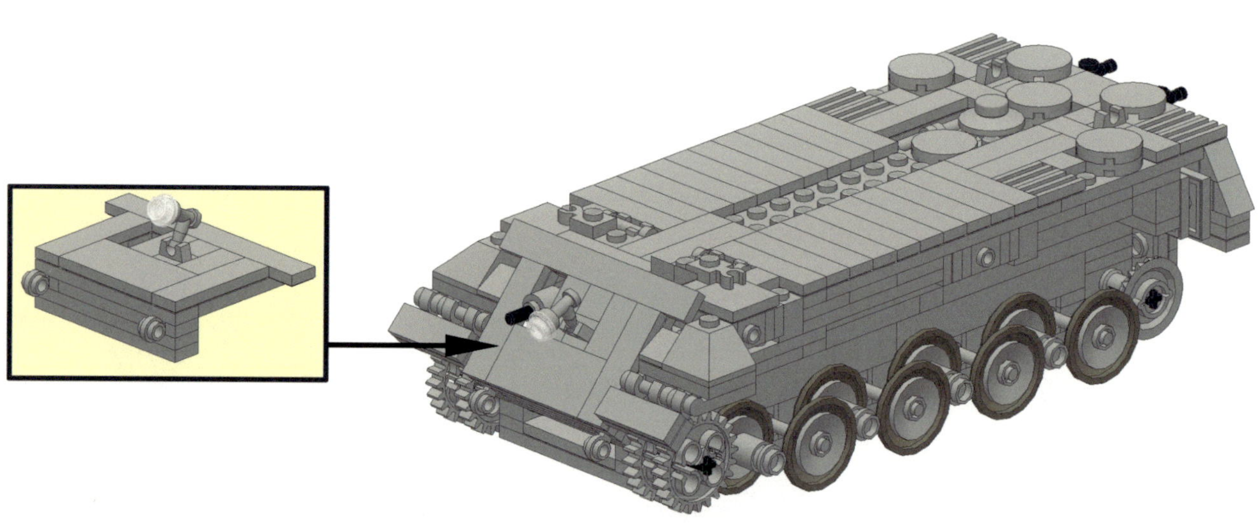

82

 1x

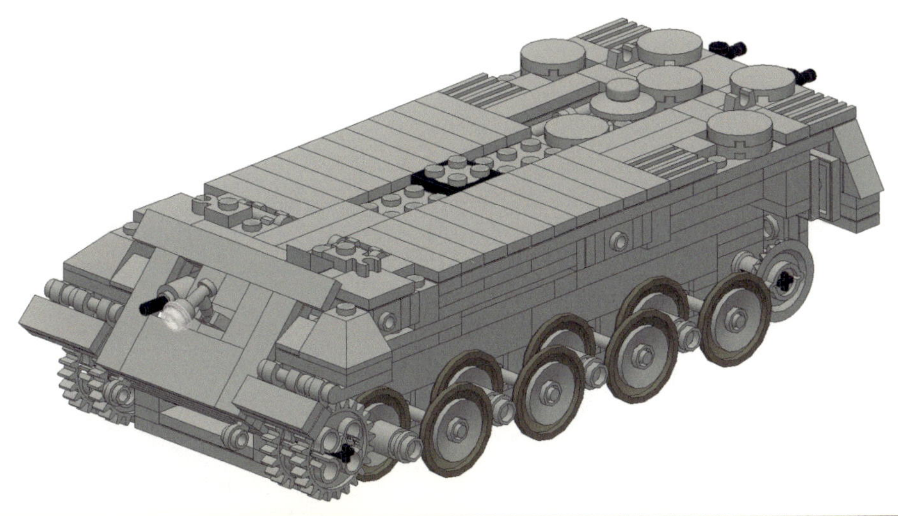

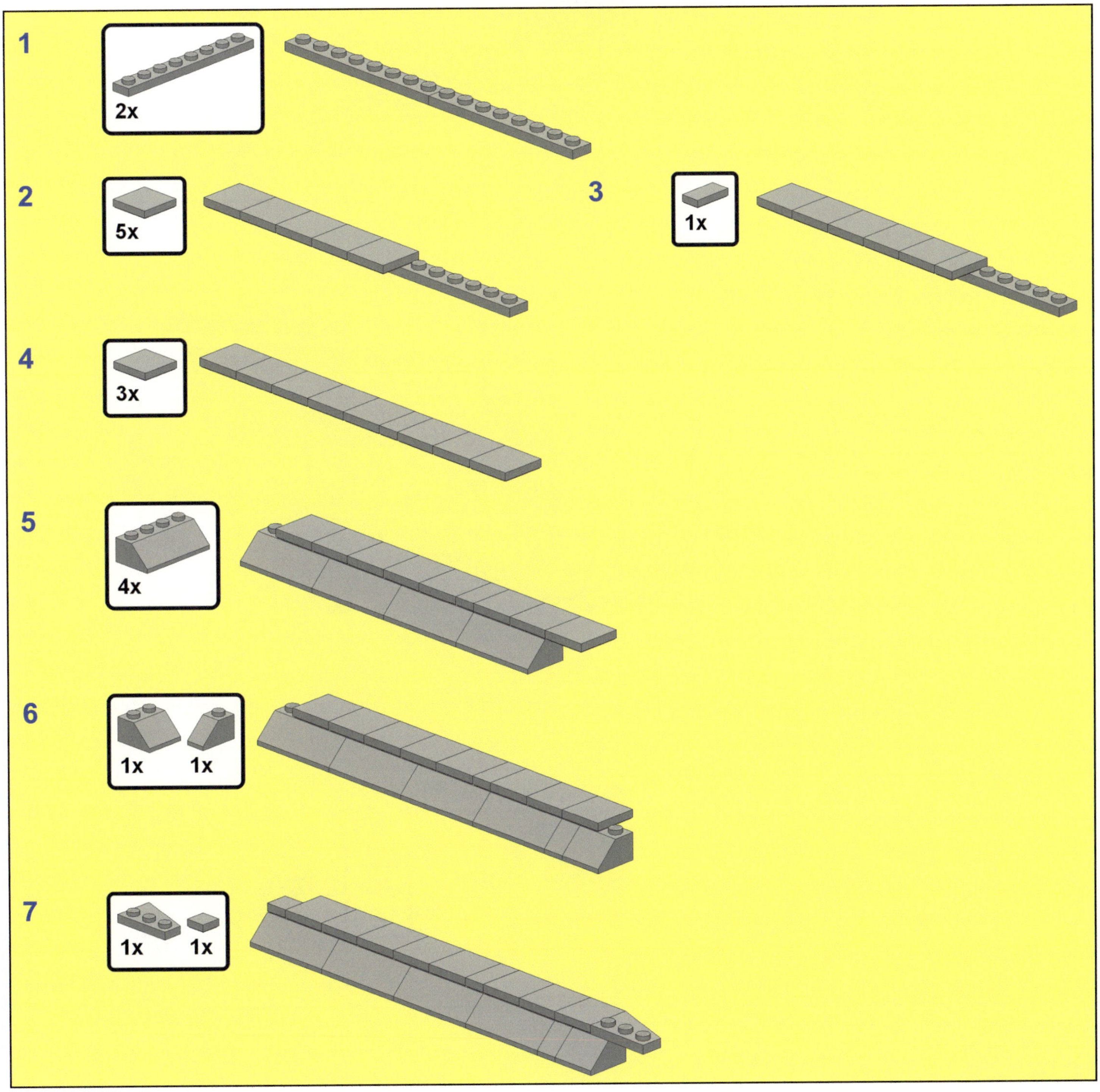

1 2x

2 5x

3 1x

4 3x

5 4x

6 1x 1x

7 1x 1x

83

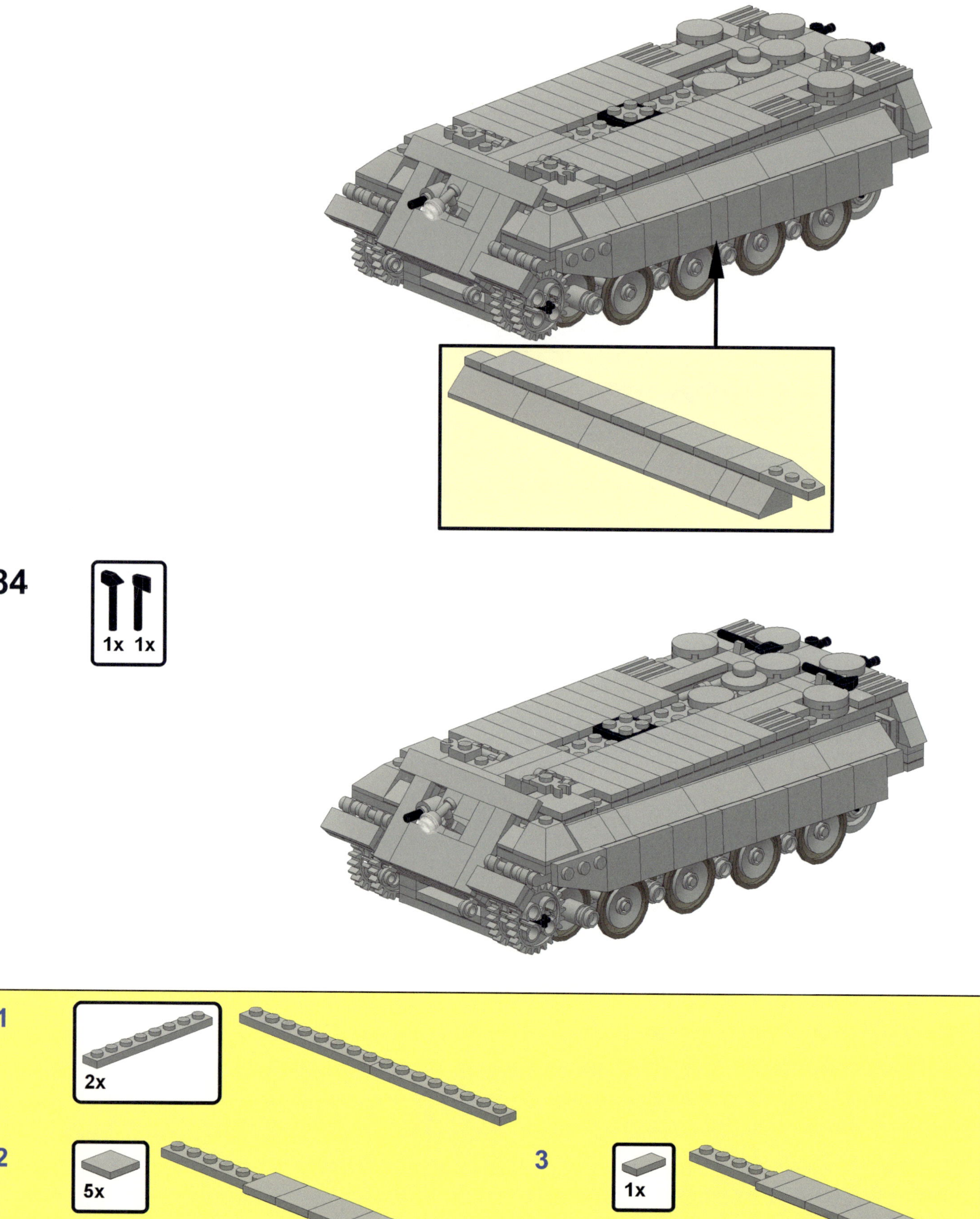

84

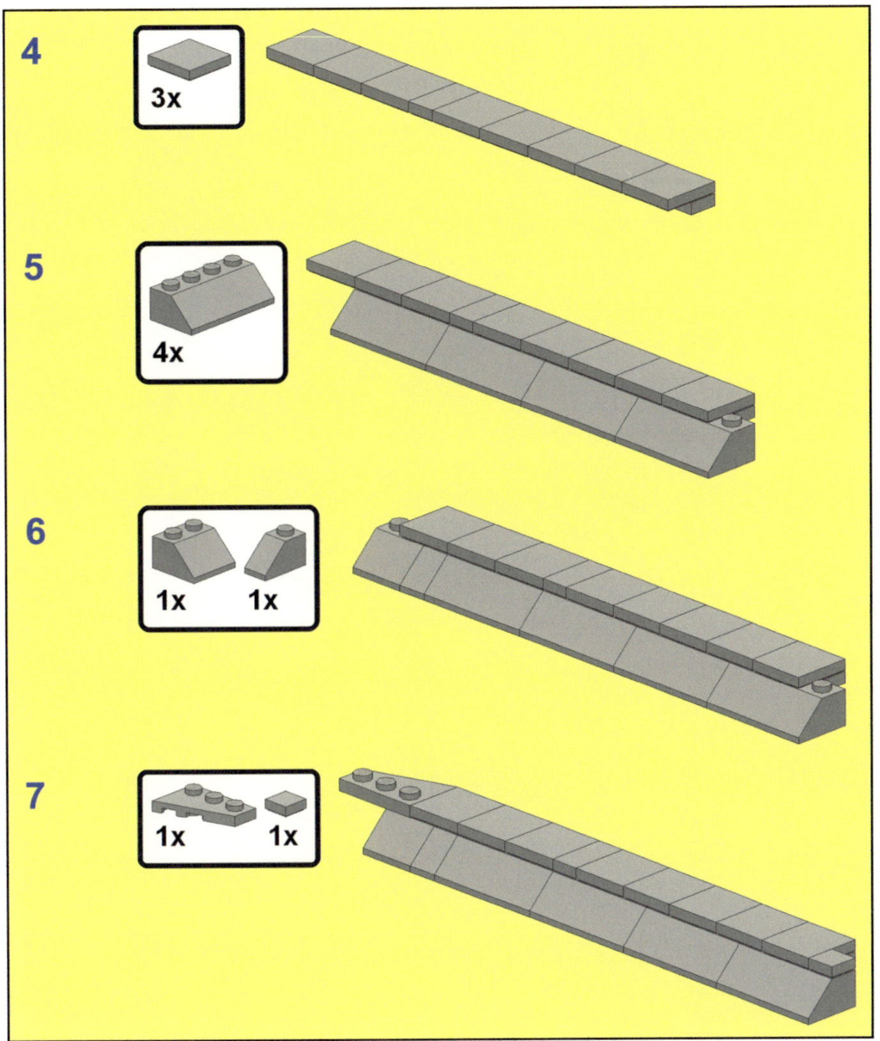

4 — 3x

5 — 4x

6 — 1x 1x

7 — 1x 1x

85

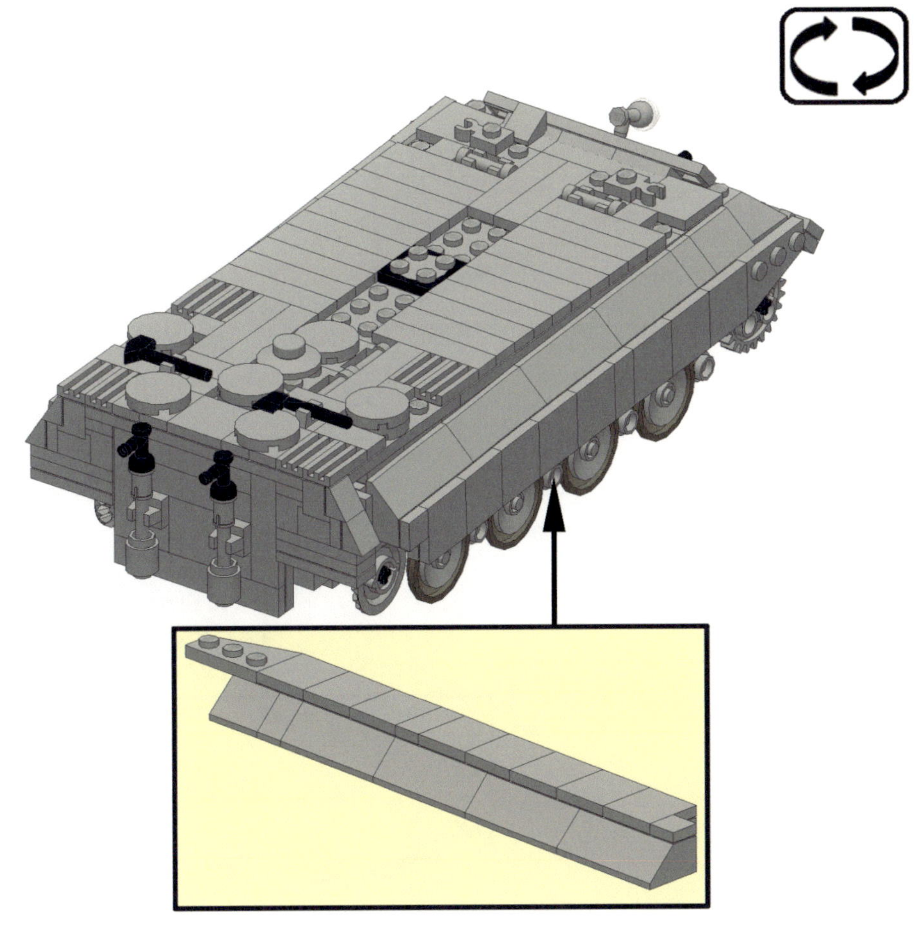

86

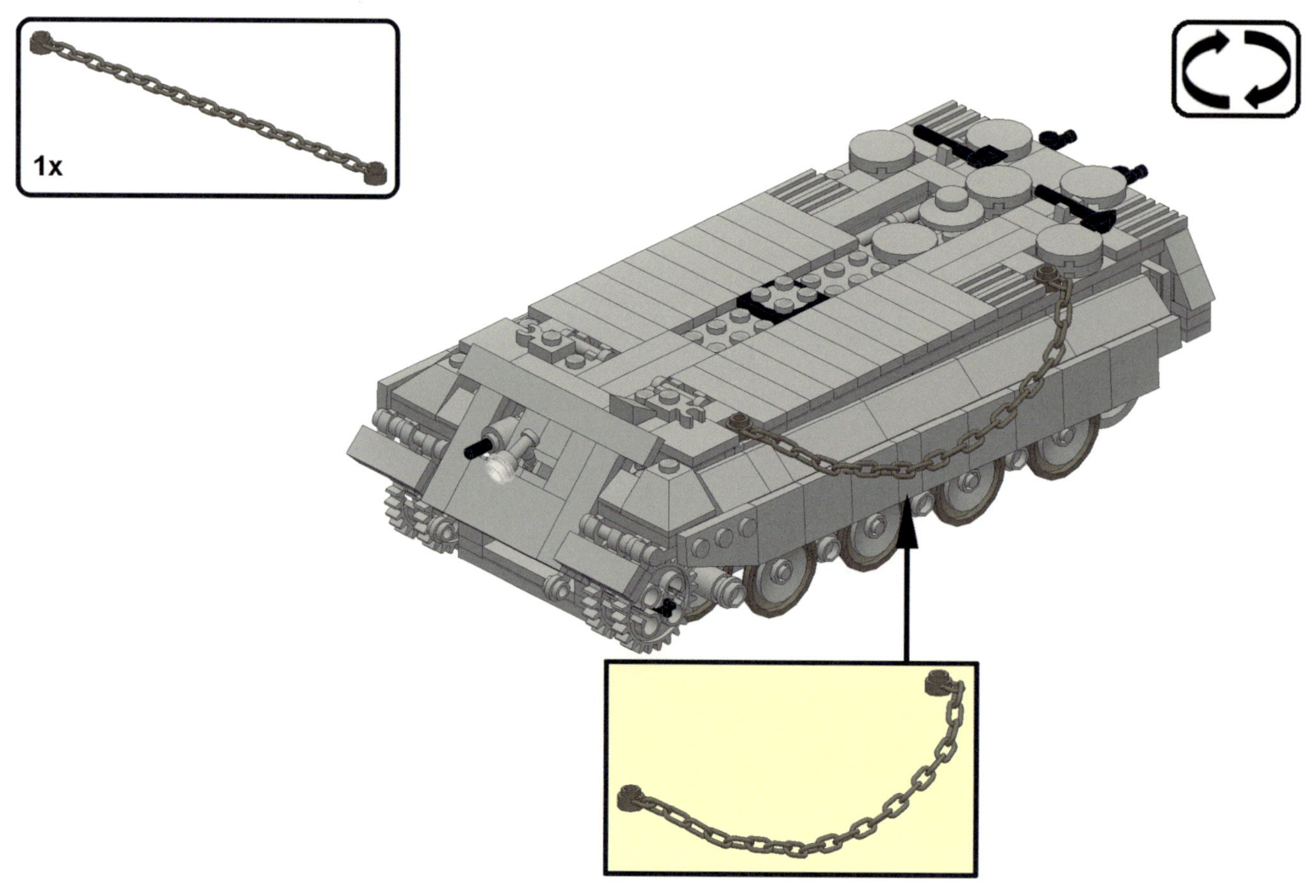

87

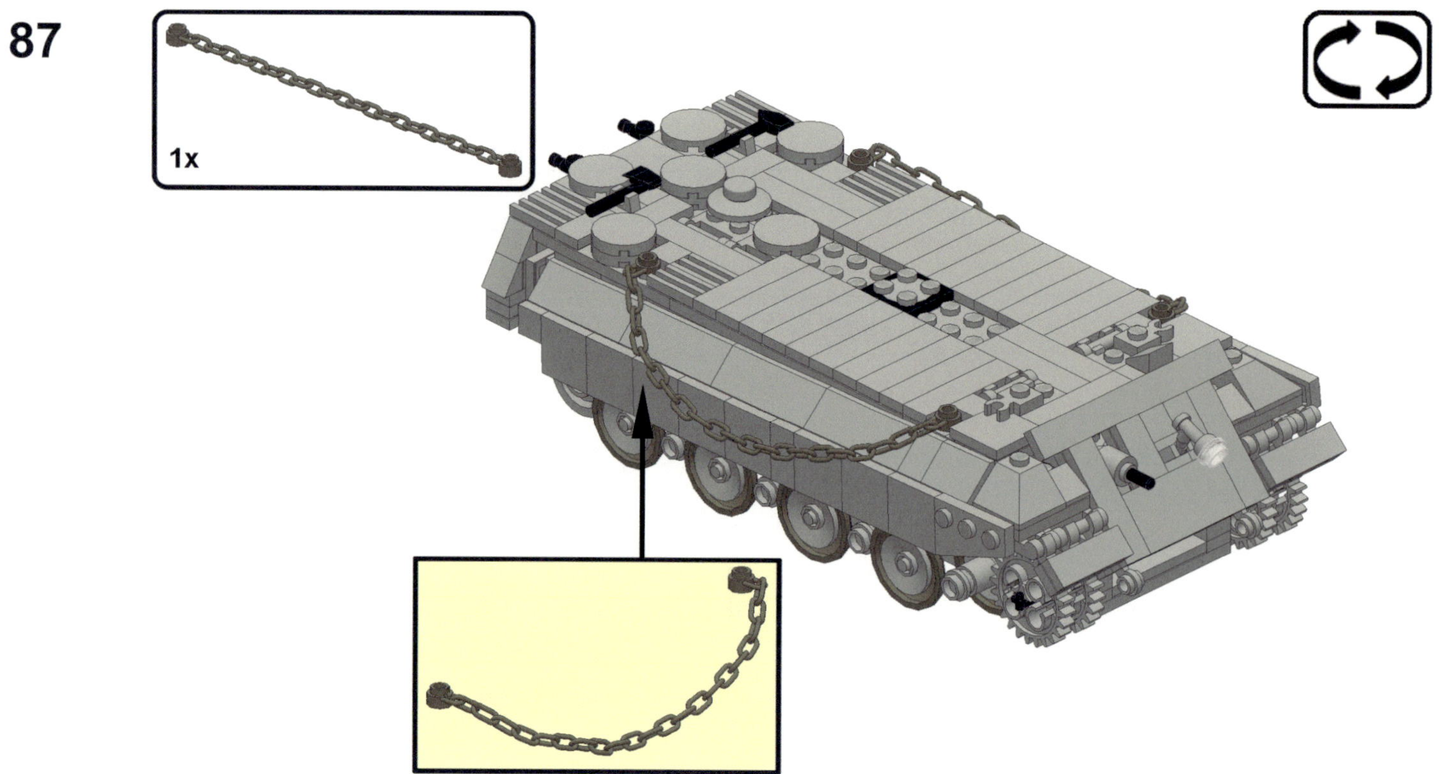

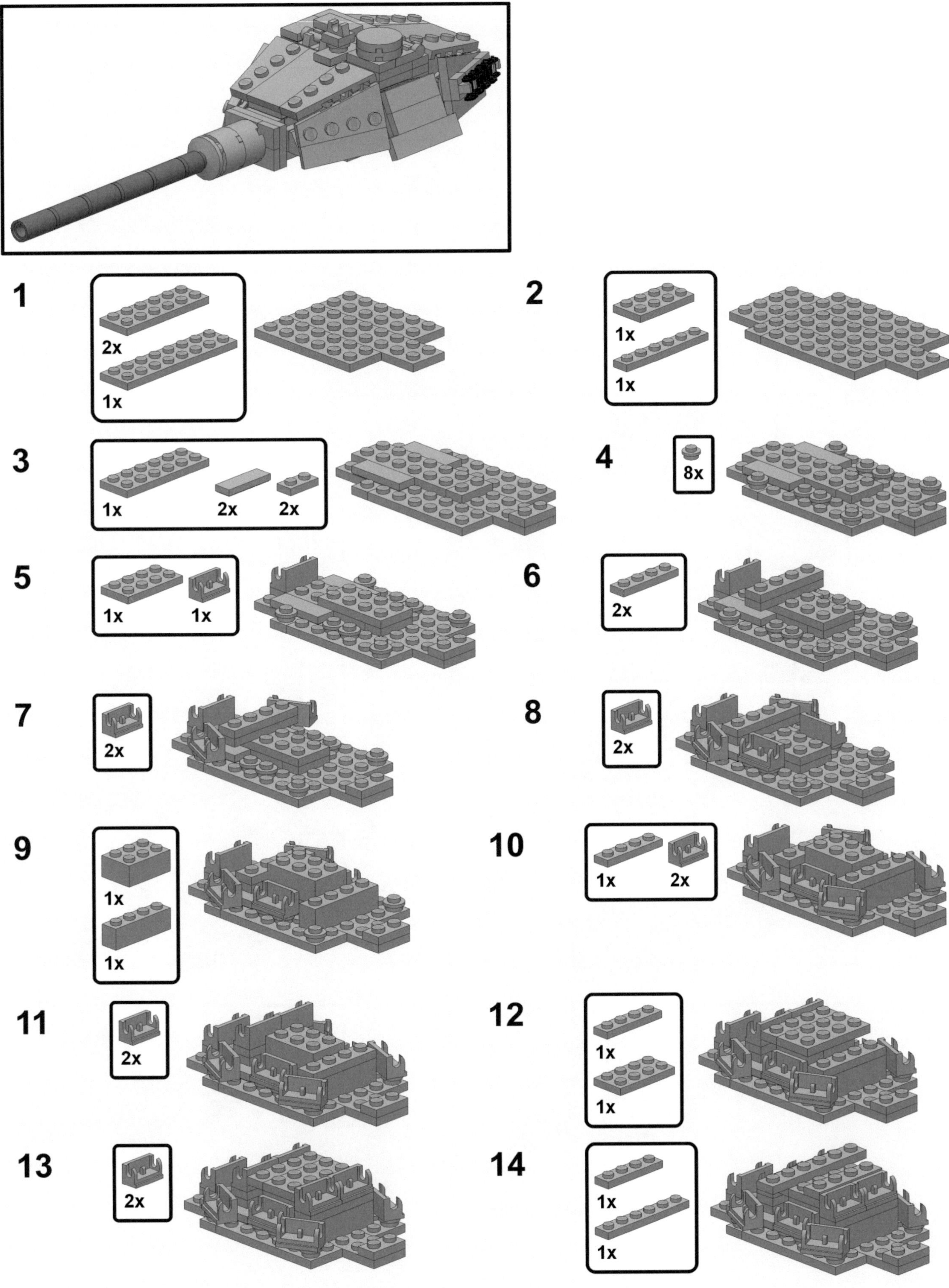

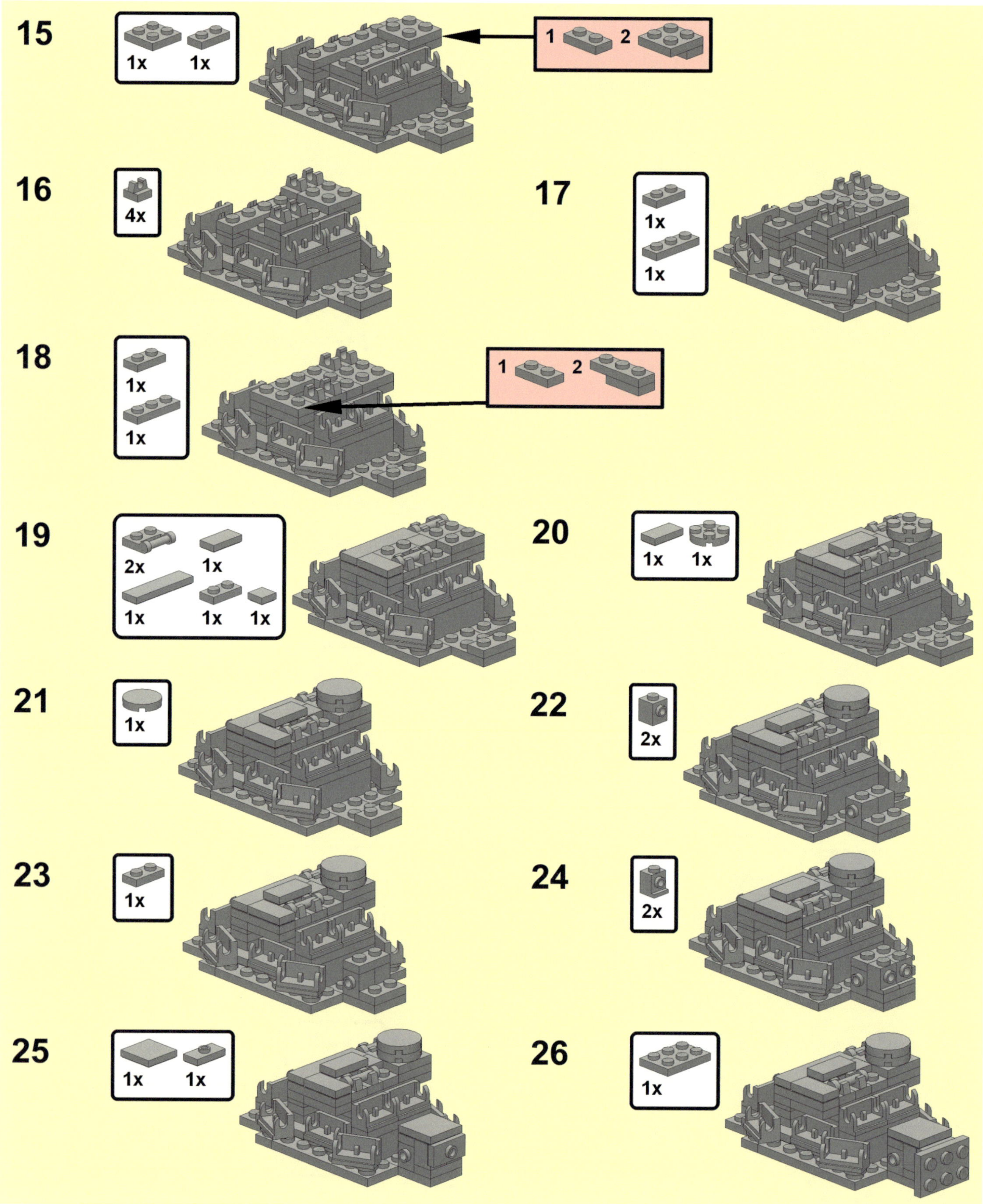

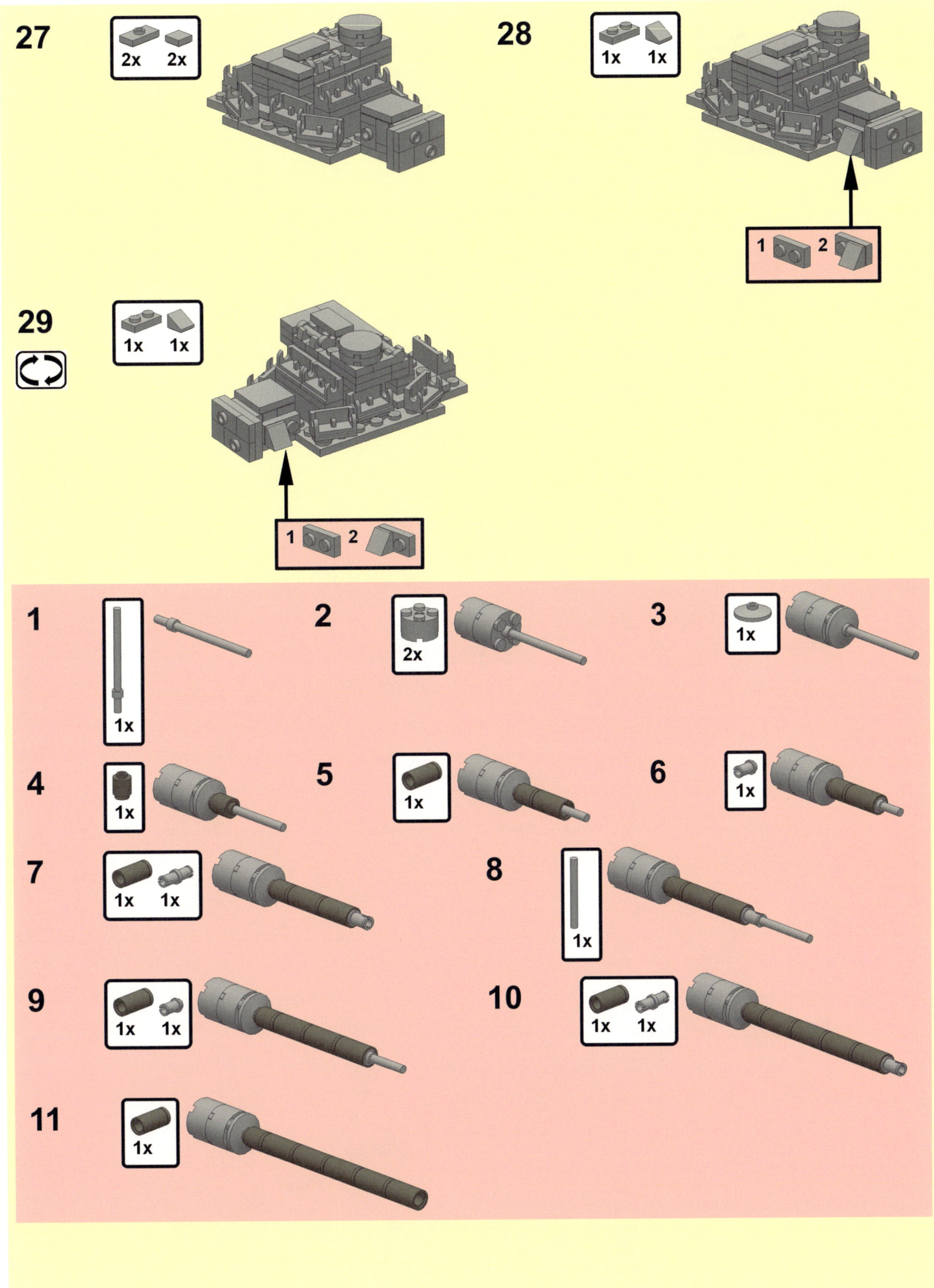

30

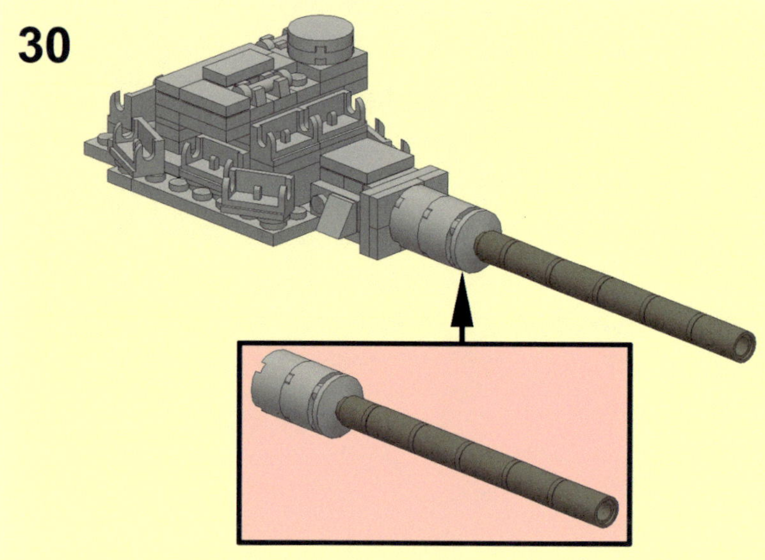

31

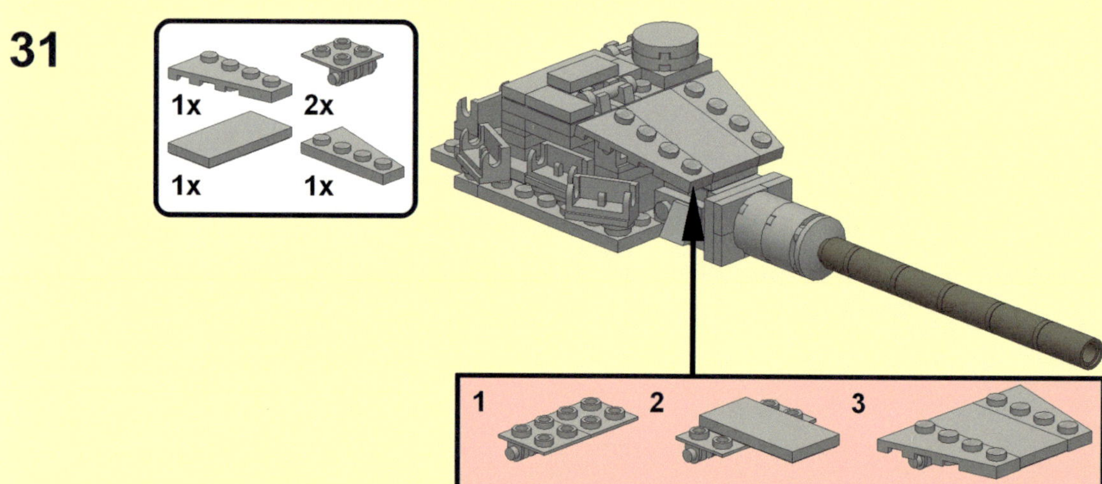

32

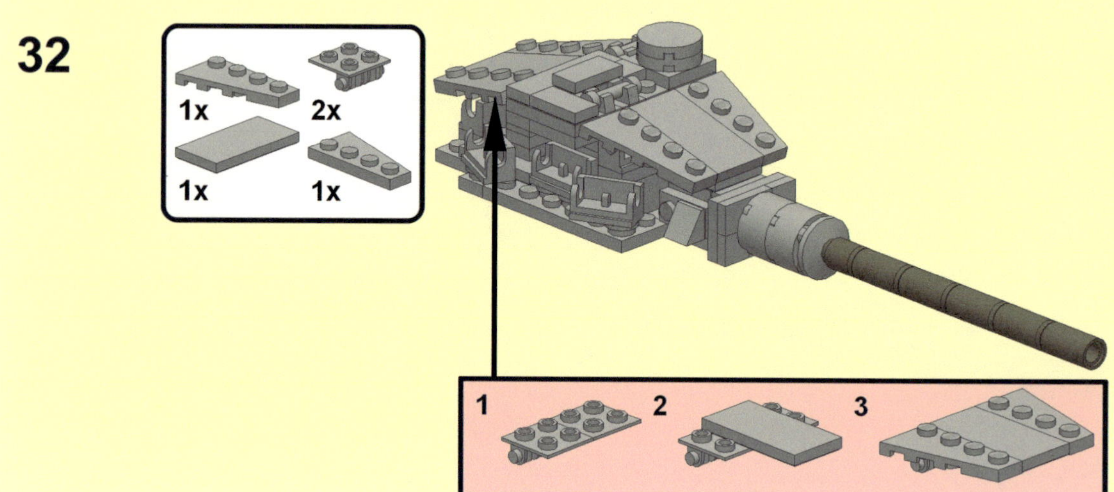

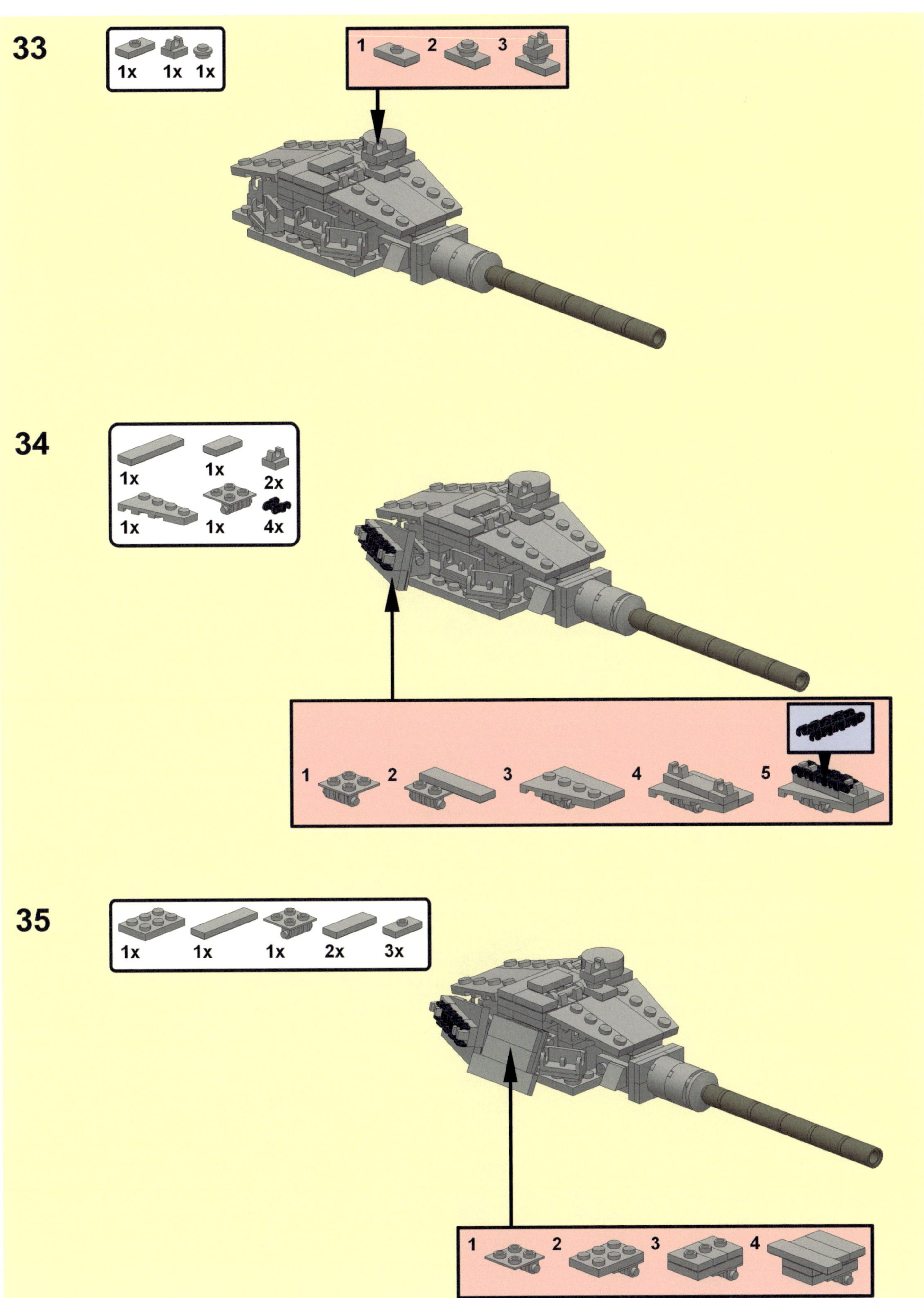

33

34

35

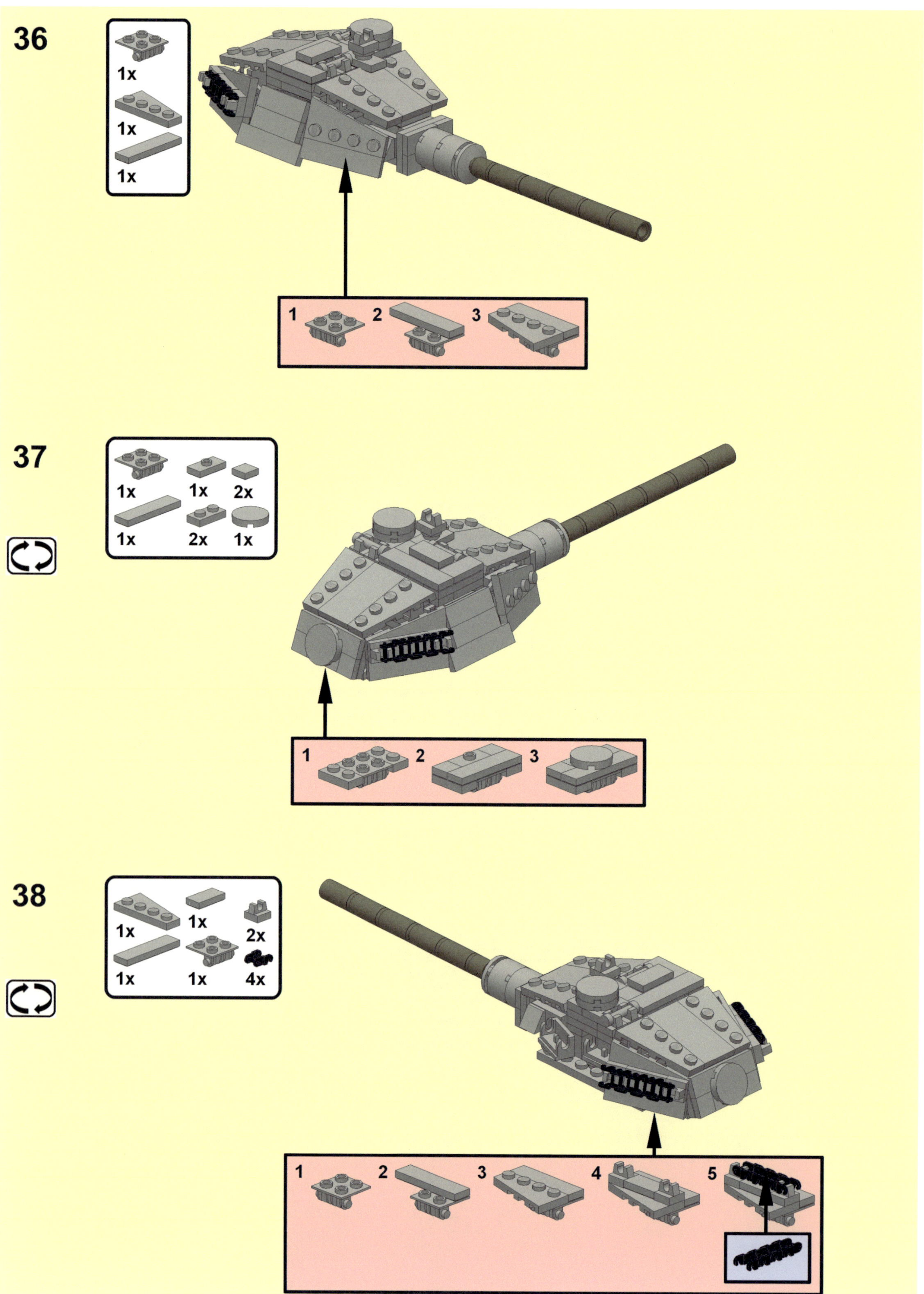

36
1x
1x
1x
1
2
3
37
1x
1x
2x
1x
2x
1x
1
2
3
38
1x
1x
2x
1x
1x
4x
1
2
3
4
5

39

1x **1x** **1x** **2x** **3x**

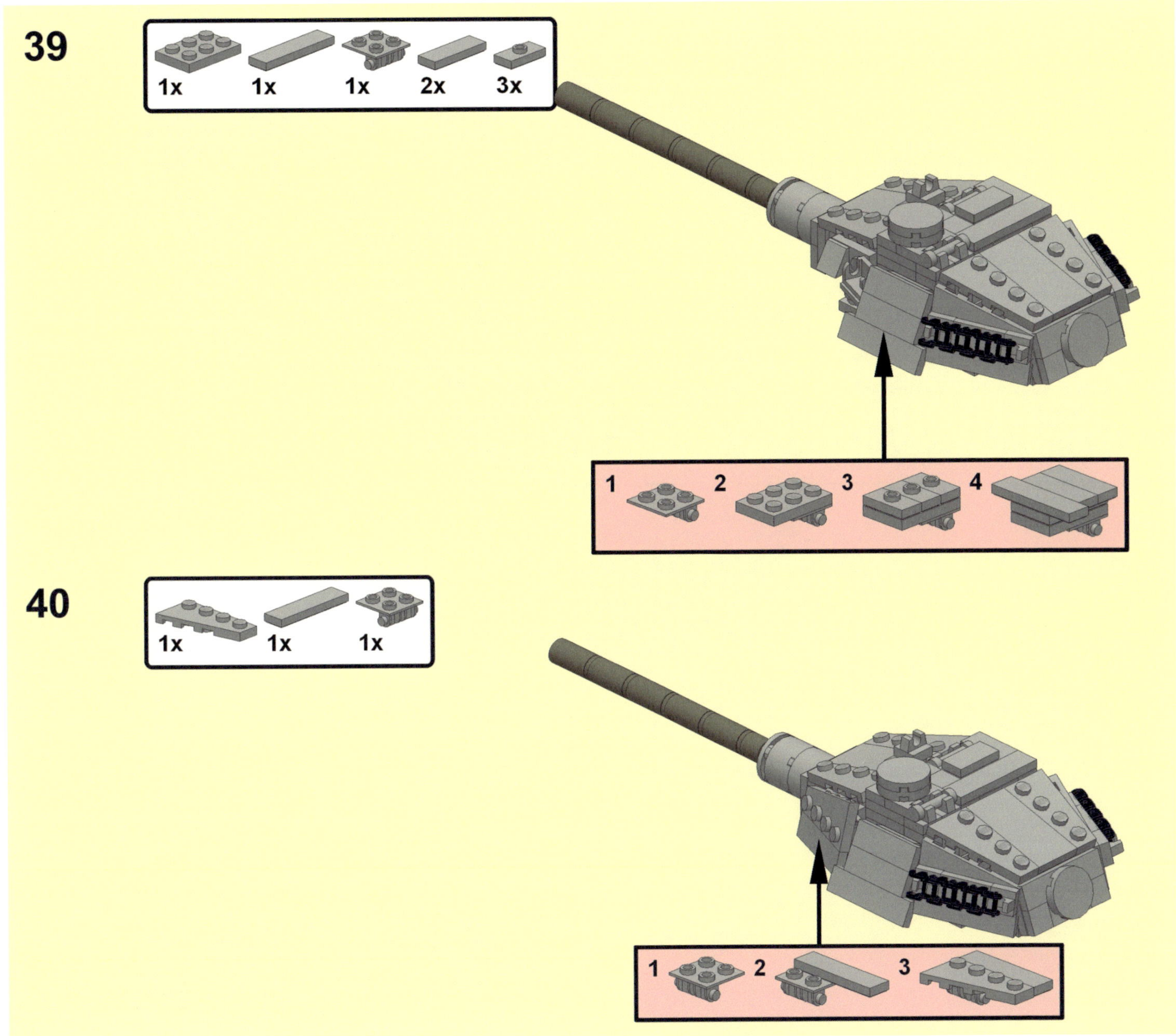

1 **2** **3** **4**

40

1x **1x** **1x**

1 **2** **3**

88

89

122x

Teile können Sie bei www.lego.de , www.bricklink.com , www.ebay.de oder auf dem Flohmarkt kaufen.
Ein Custom Fahrzeug von : www.ww2custombrickmodels.de